花草巡礼
世界花艺名师
书系

机械工业出版社
CHINA MACHINE PRESS

餐桌文化
与
装饰设计

［德］比约恩·克罗纳（Björn Kroner）著

夜鸣 译

机械工业出版社
CHINA MACHINE PRESS

目 录

餐桌与待客之道　007

餐桌文化的必不可少　008

欢聚时光

庭院派对　015

同事聚会　021

寿司——天赐之物　029

餐桌底蕴　037

早午餐时光　043

二人世界

浪漫晚宴　051

绝妙复古秀　057

家庭聚会

复活节聚会　065

家族聚餐　073

活力婚宴　079

梦幻婚礼　087

周日聚餐　095

露天聚餐

花园派对　103

屋顶派对　111

野餐　117

———

下午茶与咖啡茶话会

重启咖啡茶话会　127

传统下午茶　135

淑女下午茶　141

———

基督降临节与圣诞节

传统圣诞宴　149

新式圣诞节　157

与朋友们共度圣诞　165

———

比约恩的餐桌小课堂

此玻璃非彼玻璃　172

大名鼎鼎的银质餐具　176

独木不成林——一支蜡烛算不上蜡烛！　180

比约恩的做客之道　185

———

制造商目录　188

致谢　191

餐桌与待客之道

几年前我们刚搬到柏林时，常常受邀前往所谓"朋友的朋友"家中做客。就像相亲一样，由一些友人从中撮合，他们对我们搬离科隆深表惋惜，同时又为我们在首都的社交感到担忧。在其中一个赴约的夜晚，我萌生了写作本书的念头。尽管我们与主人素未相识，却也听说过一些关于他们的事情，知道我们将要到一间豪宅做客。因此，当我们走进一幢华丽的老式住宅[○]时——这种建筑似乎仅为柏林所有，并未感到惊讶。房子相当开阔，几乎一眼望不到头，正是富人阶层的派头。木地板光鲜亮丽，石膏花饰洁白无瑕，双扇大门经过精心的修复，门上是古老的原始黄铜把手和折页。建筑本身出自经济繁荣时期[○]，刚刚修葺完毕，公寓位于主楼层。走进去后，令人不由暗自轻叹，同时纳闷，为何如今再也不建这种住宅了。看到室内陈设的那一瞬间，我不禁发出了"噢"的一声惊叹，被主人恰巧听见，主人不由得露出心满意足的神情。我感觉自己仿佛来到了科隆家具博览会的展厅。各大品牌携最新款式悉数登场。在一张大约是万德诺[○]（WalterKnoll）牌的转角沙发旁，摆放着三只塞巴斯蒂安·赫克那[○]（Sebastian Herkner）设计的"铃铛茶几"[○]（BellTables）。它们漂亮的玻璃底座出自我们的友人贝内迪克特·冯·波辛格[○]（Benedikt von Poschinger）的玻璃制造厂。这三件精品不仅伫立在这儿，更是早已登上我的心愿单，想着要将它们摆入我们柏林的家中。我一脸愤愤地看着自家爱人，他肯定正在笑话我。堪称梦幻的室内陈设使整个住宅看起来仿若刚经历过一次改头换面，在主人豪掷千金之下，直接从宜家（Ikea）升级到 Stilwerk[○]。

餐桌文化的缺失

我们一边向十来位客人做自我介绍，一边喝着香槟，肯定就是从那时起，我开始觉得哪里不太对劲。倒不是香槟品质堪忧，口感欠佳。问题在于这不合时宜的杯子，

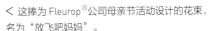
< 这捧为 Fleurop[○]公司母亲节活动设计的花束，
名为"放飞吧妈妈"。

○ 通常指1949年前建造的房屋。——译者注（余同）
○ 又称"创造者时代"，指德意志帝国1871年建立后经济飞速发展的一段时期。作为建筑风格，则指1870—1914年这段时间内建造的房屋。
○ 德国顶级家具品牌，成立于1865年。
○ 德国当红设计师，曾荣获多项设计大奖，注重传统工艺与现代科技的结合，"铃铛茶几"为其成名作。
○ 诞生于2012年，茶几以手工吹制的透明彩色玻璃为底座，桌面采用金属黄铜材质，至今畅销。
○ 波辛格玻璃制造厂的负责人，玻璃厂建于1586年，为全世界最古老的家族企业之一，见"餐桌底蕴"一节。
○ 德国高端家居卖场，由独立门店组成，展示各种国际设计品牌，定期举办设计和艺术展。
○ 专业的花艺师组织，创立于1908年，提供花束配送等服务。

它们看上去就像是从射击节⊖上顺回来的一样。还没来得及细想，我们就被请进了厨房，由此拉开了一场令人记忆犹新的好戏。主人带领我们走进一间崭新的厨房，其身价——经过这次简短的参观倒为这里并非价值连城而略感意外——相当于一套中等大小的周末度假屋。我们对此垂涎已久，当然我是说度假屋，而不是厨房。厨房全部采用白色系，颇有牙科诊所的风范。所有东西干干净净，不是隐去踪迹，便是嵌入在某处。各种电器轮番亮相：蒸箱、烤箱、微波炉、保温抽屉、不同类型的灶台（电磁炉、燃气灶、电陶炉）、拥有三个温区的冰箱，最后当然还少不了恒温红酒柜。尤其令我着迷的是那台几乎叫人看不出真身的洗碗机，实时信息通过LED 投射灯显示在地板上。想要打开它，只需敲击两下即可。在场的人全都非常配合地露出惊讶的表情，转而又对大约五百多本烹饪书惊叹不已。这些书足足占据了一整面墙，为整个房间增添了几分生气。宛若某种预

兆，杰米·奥利弗⊜（Jamie Oliver）最新出版的烹饪书胡乱摊放在一旁。这让我心内一喜，至少发现了一样同款。正当我们为接下来的宴席忧心忡忡时——这间厨房看起来可不像刚做过饭的样子，主人打开了一扇房门，里间饭菜已然就绪，只待加热呈上。我们满怀感慨地离开了厨房，在桌边就座。接下来所要讲的，诸位大可猜到，毕竟这是一本有关餐桌文化的书，这篇小巧的序言正是以它的完全缺失作为引子。这张"朋友的朋友"家的餐桌看起来和学生公寓的桌子别无两样。干净利落，这在厨房尚可算作一种可贵而不失风格的特点，却与这里毫不相干。整张餐桌根本谈不上美感，没有桌布，用的是餐巾纸，既无花饰，也不见座位卡。一句话，毫无魅力可言。除了纯粹用于进食的必需品，其他一概全无。瓷器来历可疑且不齐全，杯子似乎饱经沧桑，与迎宾时的香槟杯倒是般配。桌上点着几只不带玻璃器皿的茶蜡，看起来倒是没有任何嘲讽之意。

餐桌文化的必不可少

别误会！这绝对是一个美妙而欢快的夜晚。主人殷勤，宾客友善，更有上等的红酒，全都令我们难以忘怀。食物同样可口，就像杰米·奥利弗的菜式从不叫人失望。我们同主人始终保持着友好的往来，还协助他们添置了一套精美的瓷器和一套极为名贵的玻璃杯。不过我常会提起这件轶事，有时像念经一样，因为它完全可以是另一种光景。在那个不寻常的夜晚结束后，当我们乘坐着出租车穿过柏林的大街小巷时，我不禁想起了我们的朋友克努特和马里奥。他们位于托斯卡纳⊜（Toscana）的乡间别墅是我们多年以来的消夏胜地。两人烧得一手传

统意大利菜，食材多出自自家花园。在那间极度浪漫而传统的乡间别墅厨房中，我们至今尚未见到过蒸箱的身影。洗碗机也是该有的模样，可没什么LED 灯投射信息到地板上。我们在那儿一待就是数个星期，不问世事，逍遥快活，顶多为更喜欢自制的橄榄油还是自酿的柠檬酒争上两句。到了傍晚，我们倒上柠檬酒，此时夕阳西下，群山连同高处的村庄、橄榄林和山坡上的葡萄园，尽数披上一层余晖。这片风光仍保持着千百年前的面貌，时光并未在此留下痕迹，也丝毫看不出此处曾受到过战争、瘟疫或游客的影响。若论我们在朋友处所享用的大餐

⊖ 日耳曼地区以射击打靶竞赛为特色的传统节日，伴有游街表演和集会。
⊜ 英国明星厨师，因参与《原味厨师》（The Naked Chef）节目而走红，出版有《杰米·奥利弗30分钟上菜》等食谱。
⊜ 意大利中部的一个大区，首府为佛罗伦萨，著名的葡萄酒产区。

有何特别，答案就在于摆台。他们有几只古旧而庞大的农家橱柜，内里收藏着数不清的餐具，多到用不过来。面对不胜枚举的瓷器，如何在不同的风格、式样、颜色和图饰间进行取舍？还有玻璃杯，该选质朴的森林玻璃[⊖]（Waldglas）杯还是精美的巴卡拉[⊜]（Baccarat）酒杯？在昆庭[⊝]（Christofle）的餐具和朴素的小酒馆餐具间又该作何抉择？还有各种餐巾环、台布、花瓶、风灯和烛台，所有这些多年以来怀着无限热情积攒下来的一众珍宝使摆台成为一种纯粹的享受。布置完毕后，走进遍地鲜花的大花园，想摘哪朵，便摘哪朵。相较于在许多朋友处所见到的摆台，这儿的餐桌完完全全不需要我们所设想的那些改进。这足以证明，亲朋好友欢聚时，热情待客远比美味大餐更能召唤出一个难忘的夜晚。一张精心摆台的餐桌绝对必不可少。

这组为《绿色》（Green）杂志创作的花艺作品名为"活在当下"，使用的正是德国工坊的产品。

烹饪主题书店

杜塞尔多夫有一家专卖烹饪书的书店。厨艺爱好者去了，可谓如鱼得水。数以千计的烹饪书堆放在店内，直抵天花板，而且全是近期流行的，难免让人疑惑，"烹饪"这一题材是不是已经出烂了。然而恰恰相反，烹饪书的类型不断推陈出新，各种创意源源不绝，隔三岔五便有爆款问世。试想一下没有烹饪书的图书市场，再想想少了烹饪综艺的电视节目又会是何种模样。毫无疑问，"烹饪"题材早已与随时会消逝的潮流无关。烹饪，永不过时。这简直太棒了。我自己的烹饪书也在逐年增多。不用说，我还喜欢看烹饪节目，并且爱死了蒂姆·梅尔策[⊗]（Tim Mälzer），连带他个性鲜明的风格——松弛而不过分紧绷——也爱屋及乌。餐桌摆台同样应该如此。这也是我在创作本书时所努力的地方。尽管围绕烹饪有着五花八门的炒作，却让我纳闷为何餐桌文化并未从中真正受益。因为"朋友的朋友"家中那一幕，不止发生在我们身边，甚至全国各地都在上演。餐桌摆台不仅少见，更无足轻重。遗憾的是，就连在媒体中也是如此。

身处杜塞尔多夫靓丽的烹饪主题书店，当我向店

> 尽管烹饪题材炒得铺天盖地，餐桌摆台却是无足轻重的小透明，尤其在媒体中更是如此。

员问起有关餐桌文化的书籍时，所收获的唯有不知所措的眼神和沉默。网上同样如此。以餐桌摆台为主题的烹饪书寥寥无几，有些书涉及女主人，大多数则关乎餐桌礼仪，还有少数几本相当不靠谱的书讲到餐桌装饰。除此以外呢？毫无斩获！简直让我无语。难道人们不是在餐桌上吃饭？好友们不是欢聚在桌边，一同喝酒聊天庆贺？餐桌不正是上演热情好客的舞台？何况它不也是厨房必不可少的一部分吗？我们的确生活在不平静的年代，相较于餐桌摆台，无疑有许多更为重要的事情。但

⊖ 诞生于中世纪晚期的欧洲中部和北部，由于原材料沙子中含有铁杂质而呈黄色或绿色，见"活力婚宴"一节。
⊜ 法国著名奢侈品品牌，创立于1764年，主打水晶制品，包括酒具、摆件、配饰、灯具等。
⊝ 法国顶级奢侈品品牌，创立于1830年，产品包括银器、餐具、瓷器、饰品等。
⊗ 德国明星厨师，活跃于各大电视节目中。

是话说回来，也几乎没有比它更美好的存在了。对于这世上的严肃议题，的确应当认真对待，并将态度落实到行动中。然而除此之外，我们也还有自己的生活方式，也就是我们的市民文化。它不仅包括富足的生活，还体现在生活乐趣上，特别是如何对待美好的事物。还有自由与和平，尤其是文化！"餐桌文化"中的"文化"这两个字格外令我心动。它的含义，并非哲人专属。在我看来，文化是一种逐渐精致的过程，因而必然会出现各种各样的"文化"，正如千人千面，有人喜欢汽车，有人沉迷葡萄酒，还有人收集艺术品或邮票。始于兴趣，进而热爱，在丰富知识的同时，不断进行文化层面的尝试，就好像有些人年轻时喝布兰榭[⊖]（Blanchet）喝到东倒西歪，二十年后已能对夏布利[⊜]（Chablis）各产区及出品的葡萄酒加以甄别。这些逐渐精致的兴趣和爱好

汇聚在一起便形成了我们的文化。正像我们各不相同，却又互有交集。而我坚信，这当中就包括热情款待这门待客的艺术。精心布置的餐桌体现了主人的姿态，是对客人最美好的致意。一张餐桌也可看作一种正念[⊜]训练，摆台的过程恰如日本人修饰庭院。就像日式庭院那般，所有组成部分合在一起必须呈现和谐与美感，成为令人记忆犹新的存在。实话实说，只需审视一下许多私人宴请，就会发现席面通常美味且耗费精力，然而要多不寻常的私房菜才能让人在多年以后依然念念不忘？餐桌却不一样，至少在我这是这样的。若是做客处的餐桌格外精致，且有花艺装饰，定会令我们欣然前往。

160 位嘉宾出席的手工坊主题晚宴

我已经记不起自己从何时开始对花产生了兴致，也许早已注定，不过我可以清楚地回想起爱上餐桌摆台的契机。几年前，我曾接到一项不同寻常的委托。一部有关德国最美手工坊的大型出版物将举办首发式，而我将负责为其设在外交部的晚宴进行装饰。晚宴共有 160 位嘉宾出席，餐具全部来自书中所提到的手工坊。无须操心后勤，一个前所未有的世界展现在我的面前。晚宴上的玻璃杯出自百年老工坊，由人工吹制而成。所用瓷器的晶莹釉面则来自于严格保密的配方和高度复杂的烧制过程。无论亚麻还是银器，所有器物皆出自古老而有着悠久传统的商家，由大师级的工匠亲手打造，他们对于本行业的热爱定然就像我对花艺那般。这一切犹如梦一般，始终萦绕在我的心头。"手工坊主题晚宴"我后来又操办过很多次，不过规模都没有这么大。基于这一缘故，德国的手工坊自然成为本书的重点之一。因为这同样体现了之前所提到的文化意义上的"精致"，具体到餐桌摆台领域，表现为对器物的价值、其讲究的制作方

< 作为一名满怀热忱的花艺师，比约恩认为自己正在为"世界上最美的职业"担任大使。

⊖ 一款法国葡萄酒，价格亲民。
⊜ 位于法国勃艮第最北部，是重要的葡萄酒产区。
⊜ 源于佛教禅修，后发展成一种系统的心理疗法，指有意识地关注、观察当下，而不做任何分析与评判。

法及背后历史璀璨的名家工艺有所认识，并掌握相应的知识。每一张精心布置的餐桌都承载着无尽的故事。它们或是追述百年老店，或是记录刚起步的小作坊，那些年轻而意气风发的企业主与手艺人在此自主创业。有些故事涉及极具天赋或世界闻名的设计师，有些则记载着精挑细选的材料与特殊的工艺手法。这同样是一场正念训练，人们走近器物，观察它们，从而领会作品的价值。只需拿起一只手工吹制的红酒杯，再同一只毫无底蕴的工厂流水线制品加以比较，立马便能发现其中的不同。

建立对餐桌的兴趣

一张以兼具品质和历史的器具精心打造的餐桌，使人们得以走近那些或许低调却极富生气的手工坊。本书的目的之一，便在于增强人们这种认识，或者不如说，先培养这种认识。当然，本书并不仅限于介绍手工坊，更想让人们见识到餐桌领域形形色色的品牌和制造商，感受整个行业的宽广。

但愿本书能唤起人们对餐桌的兴趣。在我看来，餐桌摆台构成了我们文化认同的一部分，同时也是"待客之道"的一种体现。这些观点之前已有阐述。我不希望自己过于理论化，因为餐桌文化原就是某种具体的存在，由看得见摸得着的美好事物构成。摆台是一件很有意思的事！我在书中尽力放宽范围，上至价格不菲的珍品，下至质朴无华的器具；既有价值连城的瓷器——上面的图案需要瓷画师花上数星期手工绘制，也有自己烧制的陶器；既有带镂空花边的昂贵亚麻餐布，也有纸制的餐巾。因为我始终坚信，餐桌文化与花费无关，少量的资金同样可以布置出绝妙的餐桌。具体方案可以参考书中众多的DIY指南。当然，在我看来，瓷器、玻璃杯、餐具和台布这些基本装备起码要有。希望人们能意识到，曼妙的生活不仅需要设计师款的家具，同样离不开精美的瓷器和体面的玻璃杯。然而许多朋友在列愿望单时，往往会忽略这些优美的物件。原因并不在于钱，而在于缺乏相应的意识。因此我时不时地便要呼吁一番："买件像样的瓷器吧！"在筹备本书的过程中，我们曾探讨过，是否要在具体的图片中提及所展示器具的品牌和制造商。对此我极力赞成，并且很乐意为国内这些水准一流且魅力十足的手工坊、品牌和制造商摇旗呐喊。面对形形色色不计其数的供应商，本书毫无疑问只能选取其中一部分引人注目的代表。除此以外，书后附有制造商目录，里面列出的那些最为著名的品牌，读者至少应当有所了解。若能激发个别读者，从中购置一二美器，以提升自己的餐桌文化，那我将倍感欣慰，可谓大功告成！

精巧的艺术品

餐桌摆台所带来的乐趣，完全不亚于烹饪本身。餐桌就像舞台，布置者便是导演，调动全体成员顺利演出，同时确保和谐。这些成员包括瓷器、玻璃杯、餐具、桌布、蜡烛和各种装饰。这是一项充满创造性的工作，时常会诞生一些堪称精巧的艺术作品，绝对值得一看！花艺装饰便是舞台布景，为全体成员提供背景。也许会有人持不同意见，但绝不包括我在内。姑且不论餐桌，身为一名满怀热忱的花艺师，我向来认为，井然有序的家居生活必然少不了鲜花的身影。餐桌摆台同样离不开它们，故而花艺装饰在本书中无疑具有重要地位。除了少数没能克制住的例子外，书中所有的花艺装饰都可以轻松复制。具体步骤可参见一系列的制作指南，另外还有许多其他类型的手工创意供大家借鉴。

近年来，没有哪个项目能像写作本书一般，带给我如此多的乐趣。我在书中根据截然不同的场合与主题，设计了二十多种示例，希望能够借此展现餐桌摆台之美。凭借这样一份微不足道的贡献，兴许能让人们意识到，餐桌文化作为"待客之道"的一部分，首先便与烹饪息息相关。不仅如此，它更是一种生活乐趣，毕竟还有什么比朋友聚餐更美好的事情呢？尤其面前还摆放着一张精心布置过的餐桌。

但愿本书能带给您十足的欢乐和无限的灵感。

致以最诚挚的问候！

比约恩·克罗纳

欢聚时光

餐桌是进餐的地方。无论身边坐着朋友、家人还是同事，

这里都是施展待客之道的舞台。

主人就是导演，一出戏能否成功，全看他的表现。

本章将奉上一些稳获好评的"剧本"以备参考。

怡人的夏日傍晚，院中餐桌摆台已毕。孩子们仍在一旁玩闹，不过很快便会招呼他们开饭。

庭院派对

在我们的朋友当中，
有些人的房子外观亮眼，有些人的房子设计不俗，
可惜这两伙人并不重合，只有一个例外。

这套充满夏日气息的餐具仿佛专为露天家庭聚会打造。经典的小酒馆刀叉可谓不二之选。就连兰花也不像看上去那般柔弱。

长久以来，我一直认为，许多关于好品位的说法并不见得正确。比如好品位绝非生来就有，完全可以通过后天培养。其实好品位并非什么稀罕事，只不过在大多数人身上，怎么说才好呢，往往只突出于某一点。就我们的朋友来说，有些人是鉴赏葡萄酒的顶尖高手，有些人则在挑选艺术珍品方面从不失手。然而，他们在室内设计上却大多有所欠缺，在餐桌文化方面更是如此。从某种意义上来说，他们真正缺失且极为罕见的是对于好品位的整体领会。在我看来，品位代表着一种态度，体现了人们对生活本身及其方方面面在美学可塑性上的认识。此外，我认为很有必要就品位问题展开争论。它绝非相对而言，在我看来，有太多太多鲜活的事例呈现了糟糕透顶的品位，根本不值一提。当人们看到身边的朋友打算购置车子、沙发或房子时，难免会想插上两句，以防看到最糟糕的结果，然而人们最终宁愿一声不吭，只因不想越界。并且每当出现截然不同的情况时，便会用这种想法安慰自己。综合掌握众人口中的"好品位"，并在生活的方方面面自然展露，这种情况堪称凤毛麟角。

"

品位问题不可争论？
我可不这么看！

我们的朋友彼得拉和汤姆即是一例，此次的庭院派对就
设在他们家中。他们同四个孩子住在葡萄酒之路[⊖]上的
一座小镇中，几年前他们在那儿购置了一座亟须修葺的
老旧牧师住宅。令人意外的是，我们的朋友不仅完全遵
照艺术（和建筑文物保护）标准对房子进行了翻新，而
且在室内设计方面同样下了大功夫，从内到外满足了全
家人的愿望。在我看来，这里为酷彩[⊖]（Le Creuset）提
供了绝佳的展示舞台，整个品牌仿佛为此量身打造一般。
这家法国的制造商最初从厨房起家，这点不仅体现在品
牌名称上（法语意为"坩埚"），同时还能从这家企业
几乎最著名的产品身上得到印证，那就是近乎传奇的铸
铁锅系列，颜色大多为火焰红，这是酷彩的标志性用
色。我们将一只外形靓丽的水壶放到彼得拉的拉康什[⊜]

· 小 窍 门 ·

精心修饰的餐巾为餐桌摆台画上了完美的句号。
通常来说，为餐巾做造型并非难事，此处只需一
根纸包铁丝和一朵兰花。

∧ 结实的酷彩陶制餐具和稳固的艾奢玻璃杯，仿佛
专为露天家庭聚会打造。

< 草本植物盆栽，下方垫托盘，以防积水。它们美
观养眼，可算是这世上最便捷的餐桌装饰，非常实用。

[⊖] 德国人于20世纪30年代开辟的一条旅游路线，起自德法边境施魏根-雷希滕巴赫镇（Schweigen-Rechtenbach）的葡萄酒之门，一路向北，途径法尔茨
（Pfalz）产区，终点为博肯海姆（Bockenheim），全程约85公里。
[⊖] 法国知名高端厨具品牌，创立于1925年，铸铁锅领域的第一品牌。
[⊜] 法国高端灶台品牌，创立于1796年。

（Lacanche）灶台（又一样法国好物）上，之后按计划来到院中，享受新鲜空气。鉴于法国人的产品种类并不局限于厨房，同样还包括餐桌。为了更好地展现这一点，我决定此次全部采用酷彩的瓷器，并在摆台中用上各种颜色。他们家呈渐变色的食盐胡椒研磨瓶尤其令我倾心。玻璃杯方面选用了艾奢[⊖]（Eisch）的"丽兹"（Litz）系列，杯身极稳风吹不倒，毕竟在他们家中有四个孩子。扁平的底座确保了杯身的稳定性，已然成为经典。刀叉方面则请出了餐桌文化中近乎百搭的"神器"——历史悠久且永不过时的小酒馆餐具。此处为一款升级版，名字听上去有点古怪，叫作"纽伦堡"（Nürnberg），出自君特·格雷威[⊖]（Günter Gräwe）企业。最后，在鲜花的选择上，我同样倾向于相对健壮的品种。在此选了几枝迷你型大花蕙兰，以及一些顽强耐久的植物，如芦荟和石莲花。

⌃ 芦荟和石莲花既坚韧又美观，新手即可搞定。

< 若是将所有物件都收入柜内，反而使厨房变得无趣。摆放在外同样可以形成风格，并且方便取用。

小 贴 士

对于摆放在阳光下的餐桌来说，所选花朵应耐晒且不会迅速枯萎，这样就不会很快失去精神头。

⊖ 德国知名玻璃品制造商，创立于 1946 年。
⊖ 德国厨具和家居用品制造商，创立于 1970 年。

玛德琳蛋糕⊖和君特·格雷威的经典小酒馆刀叉共同成就了整张餐桌的法式风情。

⊖ madeleine，又称贝壳蛋糕，一种法式小甜点。

办公地点的厨房装饰向来棘手。
像图中这般，只需彩色气球和丰
富的鲜花，便可轻松搞定。

同事聚会

同事之间仅在圣诞欢聚？
要么就是自购蛋糕庆贺生日？
能做的可不止这些，快来试试吧！

说到工作和生活之间的平衡，我向来对此有所怀疑，尽管我很赞同它的核心理念。平衡总是好的。"能干"这一优良传统，于我而言同样是一项重要美德，我自己想来也不算太懒。话虽如此，我们也见识过各种工作狂。一些朋友在提到自己的"工作强度"时所展现出的自豪感，多少令我有些不安。事业前程纯属个人追求，我当然予以尊重，只是当我看到我们的一些熟人将工作看得比天还大，几乎毫无社交、朋友和兴趣爱好，鲜少读书或参观博物馆，心中难免生出一丝疑惑。也许这同样属于代际问题，就我们朋友中的例子而言，这些人从年龄上来看，几乎都受过20世纪90年代雅痞⊖文化的熏陶。升职加薪高于一切，除了工作，还是工作，一步一

⊖ 英文 yuppie 的音译，兴起于 20 世纪 80 年代，指西方国家中接受过良好教育、年轻上进的一类人。

柏林的流行吃法之一——切片沙拉：将各色蔬菜切成薄片，加入调料和油提味，不仅颜值过人，而且美味可口，同时简单易上手。

本次聚餐设定为自助形式。不仅香槟自便，香草也是，还专门为此配了一柄小剪刀。

给同事们来个惊喜，
将精心摆台的餐桌作为
团建活动的场所。

∧ 带有提手、自行取用的餐具套装，无论野餐还是办公，
各种场景均适用。图中这款出自三头鹰，外观时尚。

＞ 精巧的板岩盘与木头餐桌最是般配，坚实的 ASA 精选
瓷器在其衬托下愈显精致。

步，走向高层，成为人生赢家。幸好 20 世纪 90 年代我
还在上学，而且我们这一代人完全不同。更何况有些人
的做派，就好像身居奔驰的决策层，又或是波士顿咨询
公司◯的合伙人，然而事实绝非如此。据我观察，30 岁
过半以后，整个人生多少都会令人感到失望。对于许多
人来说，也许是时候松弛下来，彻底反思一下自己的价
值观。有时，适当的放松必不可少。如何在工作中实现
放松，可以参考此处的餐桌。其灵感来自于这间漂亮的
厨房，它位于一位建筑师朋友（谢了，埃斯特！）的工
作室。当初看到它时，心中顿时冒出了个念头：干嘛不
给同事们来个惊喜？不要自购的苹果派，更不会出现那

小 创 意

以下装饰方法用途广且易操作：可用
剪刀将黑板贴裁成任何想要的样子，
然后根据需要用粉笔在上面写字。图
中瓷器上的粉笔字区域已成为设计的
一部分。

◯ 著名的全球性企业管理咨询公司。

种难看的办公室餐具，而是呈上一张令人叫绝的餐桌，来些同事们绝对想不到的东西。整张餐桌体现出一种姿态，就像一次热情的团建，可以早下班一天，或者放在某个周末前的星期五下午。这类活动重在制造效果，同时流程简单、轻松有趣。餐食方面完全不成问题，如今正流行"切片沙拉"的吃法，我在格雷夫⊖（Graef）公司最近某次交易会的展台处曾见识过。做法很简单，只需将蔬菜切成薄片，放入盘中，ASA 精选⊜（ASA Selection）的产品就很适合，然后加入橄榄油和调味料提味。味道绝了！不仅好吃，还简单易上手，既健康又实惠，而且颜值超高，尤其桌上再摆上一台如格雷夫"手动"（Manuale）系列这般养眼的复古切片机。另外搭配一些奶酪、火腿和面包，人人都吃，再加上普罗塞克⊜（Prosecco），保证大家打开话匣。当然还少不了精心布置的餐桌和室内装饰。此处用到一些常见的气球，刚好与鲜亮的陈设形成呼应。在厨房操作台黑色背景墙的映衬下，这些荧光色可谓恰到好处。花卉方面选择了明艳的大丽花、嘉兰和超赞的鹤望兰。挑选的过程中，尤其在制作餐巾环时，我尽量使之与室内的鲜艳多彩相呼应。鉴于已有诸多色彩，瓷器和玻璃杯的选择便以素净和沉稳为主。盘子和器皿出自 ASA 精选，玻璃杯为肖特圣维莎®（Schott Zwiesel）生产。另外，三头鹰®（Carl Mertens）的旅行餐具不仅外观吸睛，而且相当实用，省去很多事情。无须上菜，自助即可，显得格调十足。

DIY
见 27 页

"
工作和生活之间的
平衡体现在——不仅会工作，
更要会休息。

< 餐桌一角——素净的瓷器上装饰着写有粉笔字的贴纸，板岩架和彩色餐巾环与原木色餐桌相得益彰。

⊖ 德国知名厨房家用电器品牌，创立于 1920 年。
⊜ 德国瓷器品牌，创立于 1976 年，主打简约风格。
⊜ 一款意大利起泡酒。
⑭ 德国圣维莎旗下的专业玻璃及水晶制品品牌。
⑤ 德国知名厨具品牌，创立于 1919 年。2020 年被康巴赫收购并进军中国市场。

以黑色的墙面搭配漆黑的厨房操作台，这种做法本身就很惊人。唯有亮眼的荧光色方能形成突破。我爱崔弟○（Tweety）！

○ 又名翠迪，动画"乐一通（Looney Tunes）"中的角色，由华纳兄弟电影公司出品。

DIY 指南
花瓶 & 餐巾环

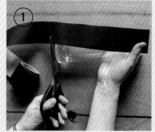

花瓶（粉笔字装饰版）

材料和工具： 一枝靓丽的长梗花（鹤望兰）、剪刀、自粘黑板贴
[哈尔巴赫⊖（Halbach）制造]、水彩笔、圆柱形玻璃花瓶

❶

将花瓶彻底清洗干净，裁下与花瓶同长的贴纸。

❷

粘贴前，先用水彩笔写好字并晾干。

❸

撕掉隔离膜，将贴纸固定在花瓶口处。

❹

向着瓶底方向，小心按压贴纸，注意不要留下鼓泡。

───────────────

小 贴 士

贴纸分为不同的颜色和大小，有黏性或没黏性。

───────────────
⊖ 德国纺织饰品制造商，创立于 1933 年，主营缎带、配饰等。

餐巾环

材料和工具：荧光色圆形卡纸（此处为标价牌或提示卡）、
小刀、砧板、餐巾

❶

用小刀在圆形卡纸背面相距大约1厘米处平行
划出两道豁口，长度视折叠后的餐巾宽度而定。

❷

用手指小心将卡纸上的豁口弄开，
方便餐巾之后穿过。

❸

根据需要折叠餐巾，再卷成梯形。

❹

将餐巾小心穿过环扣。

对于完美主义者而言，布置一张餐桌就像
一场正念习练。在精美绝伦的梅森瓷器间，
穿插着些许绿意。

寿司——天赐之物

谁说寿司是快餐，快打住吧。

寿司绝非快餐，而是上天的恩赐。

它拯救了那些厨艺不精却乐于请客的人。

在我们所认识的朋友中，有一些各方面都很优秀的女性。她们事业有成，独立自信，热爱运动，而且时尚靓丽，不仅关心政治，博学广闻，还各个关注环保。无论身为母亲还是职业女性，已婚或单身，人生尽在她们的掌握之中。我们在其中一些人身上观察到一件怪事——她们中有不少人还想烧得一手好菜。不过显而易见，无论她们热情多高，事情并非总能如愿。对此我很纳闷，这难不成是什么后女权主义情结，还是单纯地想要邀请朋友共度良宵？若是后者，那就好办了。她们完全不用厨艺精湛，只要善于做东就好——面包奶酪，再来一瓶好酒，外加一张精心布置的餐桌。万事俱备，只待客人，欢度今宵。对于那些想要再考究一点的人，上天早就为他们备好了寿司。不过切记找一间口碑靠谱的日料店，另外千万别太小气，毕竟一分钱一分货。这保证能赢取客人的欢心，尤其搭配餐桌营造出恰当的氛围时。具体做法可以参考此处这张风雅十足的餐桌。搭配寿司的瓷器应当典雅精致，具有一种极简主义的美，梅森[⊖]（Meissen）为我提供了很多选择。面对"世界

< 梅森"世界风"系列的瓷绘被称为
"波尔纳的花园"，以此纪念这位伟大的瓷器艺术家。

⊖ 欧洲最古老的瓷器品牌，创立于 1710 年，所生产的瓷器具有极高的收藏价值。

风"（Cosmopolitan）系列浩瀚的式样和绝美的图案，想要保持克制绝非易事。按照我的设定，整个桌面应当清爽、分明、简约。因此将用色限定于铂金色，仅有的装饰来自于瓷绘"波尔纳的花园"（The Garden of Börner）。这些经过重新诠释的优雅图案吸收了梅森大家埃米尔·保罗·波尔纳⊖（Emil Paul Börner，1888—1970）的过往创作，他是这座著名工坊最为伟大的瓷画师之一。这张餐桌的俯视视角尤为令我心仪。它看起来就像是一幅以精美餐具创作的极简镶嵌画，中间穿插

着圆形图案，它们由小巧的酱汁碟和堪称绝配的莫诺⊖（Mono）小油灯构成，后者微小的火焰为餐桌注入了几分生气。纸板材质的餐巾托由我亲手打造，用来放置美观的灰色亚麻餐巾，既是一种个人特色，也可将其视为主人的热情姿态。花饰方面顺理成章地沿用了内敛风格，以免对这幅富有亚洲风情的素雅画作形成破坏。点睛之笔来自一株细嫩的棣棠枝。此外，分别在梅森不同大小的花瓶中插入万代兰、花烛和两株菊花球作为装饰，后者可用花泥自制而成，极易上手。

"

规整、分明、柔美，
一如枯山水⊜。

· 花艺小贴士 ·

花园中的枝条可以为花艺装饰锦上添花。不过它们往往带有过多的树叶，因此需要去掉四分之三左右的量，以突出枝条的形态。

< 莫诺的小油灯与瓷器的铂金边形成
完美的映衬。

⊖ 梅森知名瓷画师与造型师，作品大多为巴洛克风格。
⊖ 德国餐具和厨具品牌，创立于 1959 年。
⊜ 一种日式园林景观。

刚出芽的棣棠枝画下了最为轻柔
却点睛的一笔，花艺装饰就是可
以这样简单。

DIY
见 35 页

小巧的餐巾托以纸板制成，体现了主人的心思
和姿态，为雅致的餐桌增添了一丝个人气息。
菊花球和万代兰则带来了朝气与活力。

DIY
见 34 页

花球 & 餐巾托

花球

材料和工具：小花瓶、刀具、球形花泥（直径约8厘米）、
每只花球各放两扎菊花（每扎10枝）和一枝花烛、枝条

❶

碗中装满水，将球形花泥置于水面上，
切勿压入水中！待花泥自动吸满水。

❷

以刀或剪刀于花下大约1厘米处斜切梗部，
然后环绕花泥插入。

❸

留出一块区域，
将制作完毕的花球置于花瓶口上，
轻压以固定。

❹

根据喜好，插入已提前去除了多余花朵的枝条或花烛。
注意控制作品的体量，不要对人们的交谈造成妨碍。

小 贴 士

如果不想让花泥与桌面接触，
可在浸水后直接将它们压进花瓶口中。
这时最好在花瓶下方垫块抹布，以防水溢出。

餐巾托

材料和工具：角码（五金店有售）、锋利的刀具、热熔胶枪、
纸板（厚度至少为2.2毫米）

❶

裁下一块长方形的纸板
（长度=盘子直径+2厘米+餐巾托高度）。
根据设定的高度，在纸板正面相应处
划出一道清晰的切口，
注意不要将纸板割断。

❷

将纸板沿划痕小心弯折，并将较短的那端内翻。

❸

用热熔胶枪将角码黏在餐巾托内侧，增加稳定性。

❹

根据餐巾托宽度折叠餐巾，并用熨斗熨平。

小 贴 士

餐巾托还可兼作席位卡，
用细水笔直接将名字写在纸板上即可。

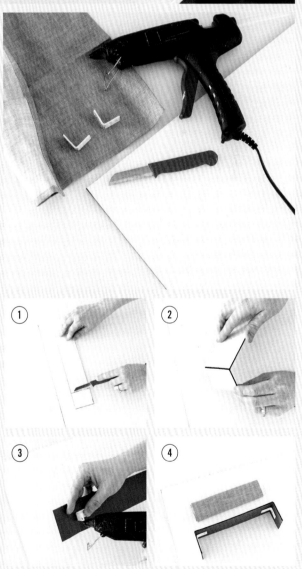

带有蓝色刺绣的宽大餐巾松散地折放在一旁，仅以餐巾环收束，为精美至极的餐桌增添了一分从容。

餐桌底蕴

通常都是人们坐在桌边讲述故事，不过若是餐桌自带故事呢？
下面所要讲的故事甚至不止一个，内容涉及巴伐利亚
两个最古老的家族，以及这片土地上最卓越的两家工坊。

为求"真经"，我们踏上了慕尼黑之行。更确切地说是要前往北宫殿广场[⊖]，宁芬堡宫[⊖]脚下。我们在此进行了一次摆台，它的目标人群可以说并非是普罗大众，因为所用到的餐具身价不菲且绝非凡品。巧夺天工的瓷器和精美绝伦的玻璃杯出自德国的两家工坊，它们上百年来始终与两个家族联系在一起，在巴伐利亚的历史中留下了自己的身影。其中之一便是宁芬堡（Nymphenburg）皇家瓷器工坊，在巴伐利亚选帝侯的推动下成立于 1747 年，并且直到今日依然归维特尔斯巴赫[⊜]（Wittelsbacher）家族所有。巴伐利亚的马努埃尔王子为人亲切，在我们拍摄期间还曾短暂探班，并接受了我为自己的 YouTube 教程所做的采访，令我非常开心。上千年的家族历史并未在这位年轻又和蔼的王子身上留下时代的印记。无独有偶，我的另一位对话伙伴贝内迪克特·冯·波辛格同样也看不出他是来自一个拥有九百多年历史的家族，他是波辛格玻璃厂的第十五代执掌者。这家制造厂于 2018 年迎来了自己的 450 周年庆，属于全球最古老的家族企业之一。宁芬堡瓷器工坊建立时，波辛格玻璃厂已有近二百年的手工艺从业史，回顾到此为止。所以我是何其荣幸，能够与拥有如此深厚底蕴的企业合作，并借助它们的资源进行创作！此次用到的瓷器由两种式样混搭而成。首先是"珍珠"（Perl）系列，名字为德语发音，取自其边沿的珍珠串装饰，这套瓷器的式样诞生于 1792/1795 年，采用了近乎现代风

∧ 绘制一只盘子需要三周的时间，宁芬堡"坎伯兰"系列的瓷器拥有世上最费精力的花卉图案。

⊖ 宁芬堡皇家瓷器工坊所在地。
⊖ 位于慕尼黑西北郊，建于 1664 年，为巴伐利亚历代王侯的夏宫。
⊜ 巴伐利亚王室，曾统治这一地区长达 700 多年，直到 1918 年最后一位国王逊位。

"

宁芬堡皇家瓷器工坊——
上演奢华与绝美的
最佳舞台。

格的简约设计，边沿部分因珍珠串的设计而尤为亮眼。这个系列为巴伐利亚王室的御用餐具，直到进入 20 世纪，仍为维特尔斯巴赫家族专属。与之混搭的瓷器无论从华丽层面还是在精美程度上都可谓摄人心魄，我在拿放的过程中，不敢有丝毫的懈怠，因为"坎伯兰"（Cumberland）系列拥有全世界最耗工匠精力的花卉图案。宁芬堡的瓷画师至少需要三周的时间方能完成一只瓷盘！玻璃杯出自波辛格的"路德维希国王"（König Ludwig）系列，无论从历史还是装饰角度而言，都起到了完美的承接作用。这些精美的水晶玻璃杯恰好以巴伐利亚末代国王命名。显而易见，这些精雕细刻的花纹图案皆为手工制作。

抱着"来都来了"的想法，我踏上了维也纳银器搜寻之旅，并在那儿拜访了一家非比寻常的企业，就品质而言，足以与瓷器和玻璃杯并肩而立。它就是维也纳银器制造厂[⊖]（Wiener Silber Manufactur），经典的洛可可式（Rocaille）餐具即出自其手。借助餐巾环、烛台和名为"南瓜篮"的小碗，我大胆地尝试了一把金银混搭，这一组合取得了绝妙的效果。色彩方面尤为值得一提！我从华美的"坎伯兰"系列餐盘中挑选出一款深蓝色作为整张餐桌的基调，通过蜡烛和波辛格的水杯加以呈现，同时借助餐巾形成呼应。凯西勒[⊖]（Kaechele）在刺绣上精准再现了这份蓝。还是那句话，"来都来了"！

尽管已有金、银、玻璃和瓷器的华丽璀璨，我在花艺装饰方面并未刻意收敛，只是在高度方面有所调整，以免妨碍到客人。花饰位于人们的交流高度向上半米之处，以式样中规中矩的巨型马天尼杯为花器，于餐桌上方绽放。原计划仅使用"坎伯兰"瓷绘中出现的花卉，比如郁金香、古典玫瑰、百合花和皇冠贝母，不过我对当代花卉的喜好最终占据了上风，因而不由自主地加入了一些现代点缀，诸如嘉兰和花烛，还有难以忽略甚至有些调皮意味的蝎尾蕉，为整个设计增添了一抹异域风情。

> 这样的一张餐桌上绝不能少了银器的身影。华丽的烛台和后方镀金的南瓜碗来自维也纳银器制造厂。

⊖ 奥地利高端银器品牌，创立于 1882 年，主打餐具，产品还包括摆件、饰物等。
⊖ 德国知名纺织品厂，创立于 1911 年，领域涉及酒店、宴会、餐饮等。

维也纳银器制造厂的"洛可可"银质餐具正是相应华丽风格的写照。手工打磨的玻璃杯出自波辛格玻璃制造厂。

花饰并未对餐桌的整体华丽风格造成不良影响。整个花艺作品在不妨碍人们交流的高度上肆意绽放。

在有些聚会上，厨房很快便会成为某
种"好去处"，而在早午餐时，它正
是聚会上演的地方。

早午餐时光

餐桌文化有多简单，看看早午餐就知道了。
只需满足一个条件——做好东道主！

合成词是由两个或两个以上词素构成的词。早午餐（Brunch）一词即是典型的例子，它由早餐（Breakfast）的前两个字母和午餐（Lunch）的后几个字母组成。据我估计，这个词在 20 世纪 80 年代左右传入我们国家，本身透露出两点信息。首先，它的来历一看即知源自英语。其次，表明了这项迷人活动的起始时间——介于早餐和午餐之间的某个时刻。还可以更具体一些，试问有谁见过十一点前开始的早午餐？至于何时结束，却是毫无头绪。或许这正是问题所在，因为早午餐唯一令人棘手之处就在于它的结束时间。我自己就见识过，有些早

午餐正常开始于某个周六，直到一天后才结束，害得参加的客人们再也不敢提起。早午餐大概是餐桌文化中耗时最久的项目，策划时不该忘记这一点。不过除此以外，这绝对是一项妙不可言且不同寻常的活动。举办一场早午餐并不需要大费周章，它可以说是"轻量级"的请客模式，这一点尤其体现在餐食上。不需要准备一道菜接一道菜的丰盛大餐，何况本来也不需要（特别）准备什么。更有甚者，一般还会让客人自带。通常是各种各样的法式咸派，只需添些面包，再来点黄油和各式果酱，奶酪拼盘则是必不可少。如果有蛋类菜，那么已算是较

高颜值的厨刀极少摆上餐桌，而在早午餐时就不一样了，只要有的，都可以秀出来。

为精心的早午餐了，可谓高阶版。毫无疑问，就算是早午餐也可以在饮食上精益求精，特别是那些厨艺高超又热爱烹饪的人。对于其他人而言，则是一次绝佳的机会，既可做东，又不太费劲。

不过，最该在早午餐上大展身手的当是那些平日里难以登上正式宴席的餐具。因为早午餐本就属于厨房，这里是它开始的地方，大多也结束于此，很少有例外。而厨房则意味着，敞开橱柜，秀出家当。比如高端刀具，这可是每位厨师的骄傲所在。图中这几把超级"利刃"——毫不夸张——出自古锐德⊖（Güde）。接下来轮到瓷器出场。作为必备的款式，无须太精致，完全"日常风"，价格适中，同时用途广泛，尤其要能百搭。此处选用的是瑞森哈夫⊜（Ritzenhoff）旗下的"利沃"（Livø）牌全套组合，包括图中优美的花瓶和外形炫酷的刀叉。单色系的运用和时尚的设计使整套瓷器可以实现多种组合，不至于迅速落伍。用来搭配的玻璃杯和玻璃水瓶出自耶拿玻璃⊜（Jenaer Glas）的"优选"（Primo）系列。各式各样大小不一的高脚甜品盘上添加玻璃罩作为装饰，它们来自几乎无所不包的 ASA 精选（ASA Selection）。花饰方面遵照早午餐"一切从简"的原则，除醋栗嫩枝外，花瓶中仅插着数株带有长枝条的花朵，分别为月季、丁香、蓝盆花、蕙兰和马蹄莲。

"

布置早午餐要做的就是
打开橱柜，
秀出家当。

< 玻璃罩出自 ASA 精选，类似的小细节为早午餐添增了几分乐趣。

⊖ 德国著名手工锻刀品牌，创立于 1910 年。
⊜ 德国知名玻璃制造商，创立于 1904 年。
⊜ 德国圣维莎旗下的玻璃餐具和厨具品牌，耐热轻便。

像瑞森哈夫旗下"利沃"牌这样的组合式瓷器不仅用处广泛，还可搭配众多饰品。比如此处用到的镂空花边亚麻餐巾，由施利茨亚麻[⊖]（Schlitzer Leinen）生产。

⊖ 德国纺织品制造商，创立于 1933 年，主打亚麻产品，与"传统圣诞宴"中所提到的德里森为同一厂家。

早午餐要精致。摆台尤其要精美，
仿佛欲邀人前来游玩。

二人世界

无论求婚，还是与女性密友互述衷肠，

双人晚宴适用的场合不胜枚举！

或者干脆不需要理由！因为两个人单独用餐

本已是乐事一件，又何须另觅契机。

若能避开饭店，改在家中过二人世界，更是再好不过。

贴有金箔纸的花瓶和哑金色的瓷器
在烛光的映照下闪闪放光。

浪漫晚宴

求婚失败的概率原就微乎其微，
不过若想万无一失，
不妨制造浪漫助攻！

从小到大，我还从未像订婚时那般反应迟钝过。当时我只知道要去某处打发一个漫长的周末，需要打包两箱行李，分别应对冷暖天气。好吧，我暗暗想到，看来要去阳光地带。穿上暖和的冬季套头衫和冲锋衣，我坐进前往机场的出租车。当我发现此行的目的地为佛罗伦萨时，心中不免生出些失落来，尽管很快便平息了下去。谜底揭晓，我们是要去托斯卡纳[○]，拜访我们的朋友克努特和马里奥，多年来我们在这两人处度过了许多美妙的假期。我们隐居在锡耶纳[○]（Siena）和阿雷佐[○]（Arezzo）之间的山林中，不问世事，流连忘返，那儿就是我们的世外桃源。然而十月份去？我们开着租来的菲亚特^四（Fiat）500，奋力穿行于雨雾间。天色已晚，林间道路开上去比夏日天亮时还要颠得厉害。

到达目的地后，克努特和马里奥并未前来迎接我们，而我对于此次行程的目的依旧一头雾水，并且在走进住宅后，仍未反应过来。尽管大量燃烧的蜡烛、让人瞠目的餐桌摆台和极尽浪漫的音乐理应令我起疑才对。冰箱内除了目不暇接的美食外，还有两瓶我最心爱的馥奇达起泡酒^五（Franciacorta），以及一瓶金酒^六（Gin）。至于何以会有这些家伙，过后我才明白。原来出于强烈的不安，我爱人在此之前曾向我的女性朋友们求教，想知道我在被求婚时，会有何种反应。在听了一系列甜蜜且激情四溢的设想后，我朋友达娜的回答给他留下了至为

∧ 桌边的花艺装饰营造出一种私密的氛围。

○ 见前言。

○ 意大利托斯卡纳大区锡耶纳省的首府，著名的旅游景点之一。

○ 意大利托斯卡纳大区阿雷佐省的首府，历史悠久，出过众多文化艺术大师。

四 意大利著名汽车品牌。

五 一款意大利传统起泡酒，同名产区位于伦巴第（Lombardia）大区布雷西亚（Brescia）省。

六 又名杜松子酒或琴酒，诞生于荷兰，发扬于英国。

DIY
见 54 页

闪闪发光的哑金色瓷器出自
卢臣泰的"TAC 格罗皮乌斯
猪猪侠行宫"系列，集贵族
优雅与田园气息于一身。

餐巾环宛如开场提示，答案在拆启礼物的那一刻自动揭晓。

深刻的印象。作为一位超级务实的人，达娜的建议可就少了几分浪漫："灌醉他！"不过，在我爱人出乎意料单膝跪地求婚时，我还算神志清醒，并且在没反应过来前，便已脱口而出"我愿意"。

如何策划求婚，可以参考本次的餐桌。制造浪漫，离不开光，也就是蜡烛。在某种程度上，蜡烛算是必不可少的。为了放大烛光的效果，此处选用了一套哑金色的瓷器。这套瓷器非常别致，即使放在本书所展示的众多瓷器中，也将获得众星拱月般的待遇。在瓷器艺术领域的传奇先驱和开拓者菲利普·卢臣泰[○]（Philip Rosenthal）一百周年诞辰之际，卢臣泰[○]（Rosenthal）推出了"TAC 格罗皮乌斯猪猪侠行宫"[○]（TAC Gropius Palazzo RORO）系列。它的图饰源自沃尔特·格罗皮乌斯[○]（Walter Gropius）的草图，将金色用到了极致，并且可以经受住洗碗机的考验，有如为宴会和庆典而生。桑博内特[○]（Sambonet）的"竹"（Bamboo）系列铜质餐具正可与之搭配。说起铜来，壁炉中的精美铜锅

绝非仿古的装饰品。它们出自魏尔斯伯格铜具制造厂[○]（Kupfermanufaktur Weyersberg），并且与古时的铜锅不同，它们可以用于日常烹饪。看看四周闪烁的光芒便会发现，这场烛光秀同样少不了玻璃杯的助力。此处登场的是圣维莎水晶玻璃[○]（Zwiesel Kristallglas）带有磨砂面的"2017 全新雅星"（Finesse Etoile Neu 2017）系列。餐桌中间不设花饰，以免妨碍交谈。作为替代，我将它们改放在桌边，形成遮挡，借此营造出一种极度私密的氛围。贴满金箔的防风灯为这个特别的场合洒上了一层金光。

· 小 贴 士 ·

装满鲜花的纸盒是摆放订婚戒指或礼品券的绝佳选择。具体做法如下：利用塑料薄膜对礼品盒进行防水处理，裁下大小合适的花泥，充分浸透直到不再滴水，之后装入盒内，插上鲜花，最后以丝带固定礼物。

[○] 卢臣泰瓷器的第二代传人，1916—2001。
[○] 德国著名瓷器品牌，由菲利普·卢臣泰（第一代）创立于 1879 年。
[○] "猪猪侠行宫"指格罗皮乌斯为菲利普·卢臣泰的宠物猪"RORO"所设计的猪圈。
[○] 德国现代建筑家和建筑教育家，包豪斯学校创办人，1883—1969。他曾为卢臣泰设计过"TAC"系列瓷器。
[○] 卢臣泰旗下的意大利知名餐具品牌，创立于 1856 年。
[○] 产品包括铜质锅具、刀具和配件等，锅具为手工制作，采用全新技术，表面覆有陶瓷涂层，不粘锅且利于导热，底部有铁磁层，可用于电磁炉。
[○] 德国大名鼎鼎的水晶玻璃制造集团，建立于 1872 年，旗下品牌包括肖特圣维莎、耶拿玻璃和圣维莎 1872。

制造金光

花瓶（金光版）

材料和工具：金箔纸（手工专用）、喷胶、
不同大小的圆柱形玻璃花瓶

❶

初次使用前，将玻璃花瓶清洗干净，彻底去除残渍。
向要粘贴金箔的那一面喷胶，稍微一喷即可，
否则金箔纸无法立即固定，容易乱掉。

❷

从包装中小心抽出一张金箔纸，
贴到之前喷胶的那一面上。

❸

用手指或刷子按压金箔纸，
多余的胶用手指或抹布拭去。
将贴好的金箔纸稍稍弄裂，
可形成漂亮的金属效果。

重要提示：挑选喷胶时需注意，喷雾应像发胶那般细密，
不可过粗成珠状，可惜这种情形很常见。

小 贴 士

用玻璃杯盛放圆柱蜡时，记得往杯内加入约1厘米高的水，
用以聚集蜡液，有助于减轻之后的清理工作。

配上合适的室内陈设，"老古董"
立时化身绝妙的复古神器。

绝妙复古秀

面对奶奶留下来的瓷器，不知如何是好？

不如先好好欣赏一番，

然后为它寻回昔日的光彩。

身处喧嚣的时代，对于自身的市民文化进行思考是一种很正常的反映。提到"市民阶层"这一概念，实在无须紧张。我很乐意成为其中一员，这个概念在我看来具有两层含义——其一指政治层面的"公民"[⊖]，其二则指私有层面的"资产者"。也许两者在德语中以同一词指代反倒是件好事，因为在我看来，它们本就是一体两面。这一切跟餐桌文化有什么关系？很简单！对于一名合格的市民而言，其家当必然少不了瓷器的身影。自古以来便是如此，并且延续至今。正因为已形成传统，而且过去的人较之现在显然更加注重，才会有大量的瓷器传到我们手中，令我们不知所措。几乎人人的柜子中都塞着这么一件传家宝，这在我的女性朋友中比比皆是，而我对这些瓷器向来抱有浓厚的兴趣。因为通常情况下，几乎没人正眼瞧它们，更不会关心它们的来历。这件瓷器来自奶奶或者凯特阿姨，至少有五十岁了。有时这些信息就已足够定论了。对于这些老古董，也没法一扔了之，毕竟它们承载着部分家族过往。这正是大多数人的想法。不过，打住！这么想可就大错特错了。整件事应该颠倒过来才对。老瓷器也曾有过辉煌时刻，多年以前它们一度也是"艺术的化身"。人们应当给予其尊重。

⊖ 原文中的"公民"（Citoyen）和"资产者"（Bourgeois）均为法语词，这两个词在德语中对应同一个词（Bürger），因而才有作者后面的感慨。

镂空瓷器制作不易，极为珍贵，搭配合适的颜色，将会非常时尚。

它们既是一种挑战，也是一种责任。一来，作为曾经的珍品，这些瓷器理应得到人们的关注，弄清它们出自哪里，有多长的历史，怎样的品质。它们中的很大一部分仍有市场，身价不容小觑。二来，需要恰当地发挥出它们的价值，而有时这才是最难的地方——如何让这些继承而来的瓷器在今时今日的餐桌上重现昔日的光彩。此外，尽管有许多式样和图案看上去稍显过时，却完全可以迎来第二春。在本次的复古秀中，便有这么一个例子。说到老式瓷器的光彩，不妨看看菲尔斯滕贝格[⊖]（Fürstenberg）瓷器厂所生产的同名（Alt-Fürstenberg）全套餐具。"班德里诺"（Bandolino）系列的图案是我心中的最佳之一。它有着悠久的历史传统，毕竟首次

问世是在1750年！面对如此不凡的式样，我不免慎之又慎，生怕使它沦为复古界的笑柄。最终我决定反其道而行，将菲尔斯滕贝格的古老容颜与当下最年轻的面孔相结合。于是便有了这次的珠联璧合，而拍档正是同品牌几乎最新且走极简路线的"美食家系列"（Gourmet-Serie）。就连在我眼中颇具六十年代设计风格的餐盘盖，也有着亮眼的表现，而未产生丝毫的滑稽感。座椅、橙色桌布和极富古典气息的果篮起到了完美的映衬。后者就像一位受人爱戴的老妇人，慈祥地打量着四周。在少量楼斗菜花朵、荷包牡丹、珍珠绣线菊和白色大花飞燕草的装扮下，"老妇人"看上去娇柔而富有活力，与优雅的鸟雀图案所透露出的那份轻盈灵动不谋而合。玻璃杯为波辛格出品，在此我要自吹自擂一下，这款葡萄酒杯出自"萨莉与花"（Sali&Blume）系列，由我和我爱人共同为《时代》周报[⊖]（Die Zeit）设计。

> 老瓷器理应得到
> 人们的尊重，
> 再现昔日光彩。

< 一张餐桌，两代瓷器。有了潮流感十足的白色"美食家系列"做搭档，菲尔斯滕贝格的"班德里诺"系列顿时重焕光彩。

⊖ 德国历史第二古老的瓷器厂，创立于1747年。
⊖ 覆盖全德的德语新闻周报，创办于1946年。

这款多棱白葡萄酒杯是我自己设计的
产品，制造商为波辛格。

DIY
见 60 页

花篮

插花

材料和工具：花泥、小刀、花艺铁丝（细）、
大花飞燕草（开放）、楼斗菜、贝母、荷包牡丹、
带有花朵的珍珠绣线菊枝条、带叶子的嫩枝

❶

根据需要，切下大小合适的花泥。将花泥放入瓷器后，
高度应低于镂空部分的底边。在器皿中装满水，
将花泥置于水面上，切勿压入水中。

❷

从梗部切下大花飞燕草，缠上铁丝作为支撑。
注意，在制作半球形插花的过程中，
铁丝的作用巨大。

❸

将其余花材逐枝插入设想的位置。

———————————————

小 贴 士

如果没有大花飞燕草，还可以用其他平开状的花朵替代，
比如雏菊、绣球，或者插入满天星。

家庭聚会

无论是复活节、圣诞节，还是婚礼、坚信礼[⊖]，

又或者是亨利希叔叔的八十大寿，

一家人团聚的日子，正是大摆宴席的好时机。

本章所展示的摆台规模不一，适用于各种家人团聚的场合。

⊖　一种基督教仪式，施完坚信礼后，才能成为正式的教徒。

菲尔斯滕贝格的金色兔子好奇地注视着眼前的一切，这里有波辛格的玻璃杯和迪本简约却极富亲和力的瓷器。

复活节聚会

圣诞节为花艺师提供了大展身手的舞台。
圣诞花环、圣诞树，宴会和房屋装饰，不要太爽！
不过老实说，复活节才是我的最爱。

诸位也都见过那种房子吧？看起来就像是刚做好的发型，崭新光洁，纤尘不染，板板正正，一丝不乱，让人忍不住想淘气地伸出手去揉上一通。如此一来，说不定反倒能弥补些先天不足。其实许多房子都有这一通病，那就是缺乏魅力。这时就需要像揉头发那般将房子整出点特色来。也许是时候向各位房主和装修人员科普一下家居设计的黄金守则——那就是一间屋子必须带有主人的烙印。认识到这一点之后，其他自是水到渠成。

优秀的室内陈设应该具有类似纹理结构那样的东西，能够体现住户的风格、生活方式和过往经历。鉴于完美无瑕绝非真正的美，一间设计"到位"的房屋也应当存在一些不合常规处，像是瑕疵或缺陷，比如小小的"恶趣味"，又或者是风格错位，等等。因为这才是一间房子的魅力所在，而且往往也展现了主人的魅力。个人特色和天马行空造就了格调。我们的好友兼邻居克劳迪娅和克努特的房子即是如此。这本是一间宽敞而典型的柏林

一株绽放的樱花、两支艾卡○（Eika）牌祭坛蜡烛，一对高大的仿古陶兔，复活节装饰完毕，至少壁炉上已搞定。

○ 德国著名蜡烛品牌，创立于1824年。

中产人士的住宅，位于夏洛滕堡⊖（Charlottenburg）中心。然而我们的朋友绝非那种保守意义上的中产。不过他们的住宅依然陈设精美，置身其中宛如一种享受。书籍、绘画、家具，各种材质和用色，所有这一切使整个家居如此独特，充满个性，一如我们的朋友本人，那里正适合举办一场优雅的复活节宴会。

我太喜欢复活节了！它让我清楚地感受到迟迟不愿离去的冬季正逐渐被春日所替代。当然还有一点，复活节不必狠命工作，至少跟圣诞节前比起来。本次摆台所遵循的守则是——要么砸钱，要么养眼。我更看重后者，餐桌摆台应当赏心悦目，但没必要太过奢华和破费。这种情况下可以考虑看一眼迪本⊜（Dibbern）的产品手册。此次所选的这套瓷器出自"优质骨瓷"（Fine Bone China）中的"本色"（Simplicity）系列，边沿处装饰着一道柔和的线条，与之搭配的餐具由唯宝⊜（Villeroy & Boch）生产，简约无华，配以白色的把柄，旁边摆放着外形美观的波辛格玻璃杯。餐巾以古特曼®（Gütermann）的料子手工缝制而成，带有可爱的兔子

"

要么砸钱，
要么养眼，
而我更倾向于后者。

< 猫草、鹌鹑蛋和自家烤制的棒棒糖蛋糕活跃了节日气氛。

> 复活节传统装饰元素：粉彩色鸡蛋、郁金香、复活节蜡烛和陶瓷兔子。

⊖ 德国柏林夏洛滕堡 - 威尔默斯多夫（Charlottenburg-Wilmersdorf）区下辖的一个分区，著名的旅游休闲区。
⊜ 德国高级骨瓷品牌，创立于 1814 年。
⊜ 德国知名品牌，始创于 1748 年，产品涵盖卫浴、日用瓷器和瓷砖等。
㉕ 德国高端缝纫线品牌，创立于 1864 年。

DIY
见 70 页

图案，由此引出复活节这一主题。穿插着郁金香、系有
缎带的复活节彩蛋可用作座位卡，迪本的小碟中摆放着
淡粉色的鹦鹉郁金香。身形庞大的樱花枝条成为整张餐
桌的点睛之笔。它们可以从花商处预定，尽量趁早下手。
购买时最好选择尚未开花的枝条，放在房中待其绽放。
它们虽弱不禁风，却绚烂夺目，效果极致。花下点着恩
格斯◯（Engels）牌复活节彩蛋蜡烛，菲尔斯滕贝格的
瓷兔正吃惊地望着它们。至于其他装饰物，比如壁炉上
那对高大的兔子，均来自批发商克洛克◯（Klocke），
通过零售渠道购入后，出现在我们的复活节餐桌上。

装饰小贴士

花泥并非唯一选项，鸡蛋盒就
是绝妙的替代品。将空鸡蛋壳
摆好，小心注入水后，插上小
巧的花朵。

∧ 一张格调十足且毫不拘泥的复活节餐桌。

< 迪本的"优质骨瓷"和唯宝牌餐具在此甘居绿
叶，主角正是以古特曼的布料手工缝制而成的复
活节餐巾。

◯ 德国专业蜡烛品牌，诞生于 1933 年。
◯ 德国花艺和饰品领域的大型经销商。

复活节问候

郁金香 & 蛋

材料和工具：一枝郁金香、一只清空的鸡蛋、
一把锋利的小刀、粉红色和白色的缎带

❶

用小刀小心地将鸡蛋壳上的孔洞扩大，
确保郁金香的茎叶能从中穿过。

❷

将郁金香从蛋壳两头开口处穿过，蛋壳置于茎部中央。
先将两条缎带系在蛋壳下方的花茎上，
之后绕到蛋壳上方，再绕过茎叶，
重新回到蛋壳下方打结，从而固定住蛋壳。

❸

将缎带系成蝴蝶结，裁掉多余的部分。
用水笔将宾客的名字写在蛋壳上。

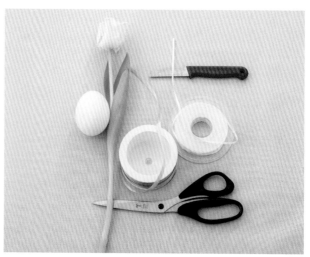

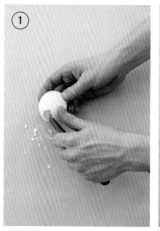

几代人的聚餐，就连椅子仿佛也在
讲述着自己的家族过往。

家族聚餐

家人不能选择，朋友却可以？

毕竟血浓于水？别说得这么绝对。

人当然可以选择自己的家人，而朋友也是其中一分子。

对于像我爱人那样来自城市小家庭的独生子女而言，我的原生家庭绝对是一种神奇的存在。不过前提是得喜欢大家庭，我爱人即是如此。每次他想跟朋友们描述我老家的事情时，都会提起下面这件趣事。在一次盛大的家族聚会上，如果没记错的话，应该是一场洗礼，他问我的叔叔弗里德海姆是否也来自胡勒恩[○]（Hullern）。"哪能，"我叔叔答道，"我住利普拉姆斯多夫[◎]（Lippramsdorf），我们那儿有红绿灯。"他说的是我们邻村，在基础设施方面总是先我们一步。

曾经有一段时间，我人生的首要目标就是去一个有红绿灯的地方。如今，在我走南闯北去遍世上各个可能的角落、见识过无数个红绿灯后，终于能够换一个视角，多半以一种更成熟的眼光来看待我的家庭。我们家族世代居住的这处小地方位于明斯特兰[◎]（Münsterland），正是这块巴掌大之地令青少年时期的我对外面的广阔天地充满了向往。这是一个典型的大家族，除了曾祖父母和祖父母，还有数不清的叔伯姑婶和堂亲。但凡有聚会，这种情况惊人的常见，他们绝不会错过任何一次宴席，有时候甚至都得搭篷房。尽管如此，我还是很想打造一张适合一大家人的餐桌。重中之重在于要有足够的

< 这款结实的餐具出自桑博内特的"复古不锈钢长宝石"系列。

○ 德国北莱茵 - 威斯特法伦州哈尔腾市（Haltern am See）的一个区。
◎ 哈尔腾市的第二大区。
◎ 德国北莱茵 - 威斯特法伦州西北部的一个地区。

一切就绪，只待开席。瓷器为麦斯威尔 & 威廉姆斯牌。

∧ 木框架在室内极为突出。加入诸如花瓶和蜡烛架等
时尚的装饰元素后，立时营造出一种温馨的家庭气氛。

＞ 插满小花和凤眼莲的微型花瓶稳立于桌上，构成一
道靓丽的风景。

空间并且简洁明了，同时能够让一个乡下几代人的大家
族保留那些传承已久的餐桌礼仪。我对这类热火朝天的
场面深有体会，基于个人经验，所摆设的瓷器必得结
实耐用。又鉴于此，此处选用了麦斯威尔＆威廉姆斯[⊖]
（Maxwell & Williams）的"钻石"（Diamonds）系
列，式样虽简单，却透着精致，菱形的纹饰为餐桌增添
了一丝欢快的气氛。托盘出自同一品牌，这次破例没从
德国选取，而是选自一个我之前向往许久的国家——澳
大利亚。后来因为工作的缘故，我曾去过那里几次。玻
璃杯依然是典型的德国制造，生产商艾奢为弗劳埃瑙[⊜]
（Frauenau）地区的众多大品牌之一。这处历史悠久的
玻璃制造中心位于巴伐利亚森林深处，波辛格、特蕾莎[⊜]

♡ **小 贴 士**

事半功倍的装饰妙招：将不同的
玻璃器皿摆放在一处，放入漂浮
的凤眼莲，再插入百子莲。这些
花材都可在花店订购。

㊀ 澳大利亚知名家居品牌，创立于 1996 年。
㊁ 德国巴伐利亚州的一个市镇，以传统的玻璃工艺闻名。
㊂ 德国知名水晶玻璃品牌，在巴伐利亚国王路德维希一世的推动下创立于 1836 年。

（Theresienthal）和肖特圣维莎等厂家同样出自这里，并已在此生产了上百年的玻璃制品。此处选用的是"呼吸"（Sensis Plus）系列的"天空"（Sky）款，因为在我看来，它的杯身设计堪称典范，属于绝对值得收藏的款式。颜值上得台面，同时又足够结实，日常使用绰绰有余，而且还可复购，因此就算破损，也不至于痛心疾首。外形靓丽的烟熏玻璃长饮杯同样来自艾奢，为了小心起见，我将它们放在了配菜柜上。餐巾为结实质朴的家用餐桌增添了色彩与喜气。牛仔蓝料子上的鱼骨纹与瓷器上的菱形纹恰相呼应。它们同样结实耐用，生产商凯西勒为餐饮领域中的桌布行家。餐具出自卢臣泰的子品牌桑博内特，复古的外观放在这里同样恰到好处，完全对得起系列名称——"复古不锈钢长宝石"（Baguette Vintage Edelstahl Antik）。

餐桌装饰方面，尽管是家宴，依然适用以下守则——永远不要省略花饰。不过，花费视场合而定，此处走简约路线，在简单、细长的玻璃花瓶中分别插入百子莲和康乃馨，同时在方形器皿中放入漂浮的凤眼莲。

> "
尽管是家宴，
鲜花也绝不可少。

∧ 艾奢的烟熏玻璃杯和用来搭配的水壶，贵重物件放在一旁。

> 水族箱中的水生植物具有优美的装饰效果，可以将之浸入装满水的旧密封罐中。

蜡烛和凯西勒的精致鱼骨纹餐巾
共同增添了喜庆的气氛。

时值春日，一对新人仿佛近在眼前，
青春靓丽，幸福洋溢。

活力婚宴

我是一个爱肯定的人。
生活中我一向如此，
尤其是在涉及人生终极问题时。

也许是家庭环境的缘故，我爱人和我都来自健全和睦的家庭，我们的父母几十年来始终过着幸福美满的婚姻生活。这一点至关重要。起初没人想到我父母会如此幸福，至少乡村牧师就不看好他俩。我母亲怀上我哥哥时还未满 17 岁。不止如此，就像家里人常提到的那般，教会方面曾明言道，这样小的年纪并不一定非要结婚。转眼已过去了四十多年，如今儿子也已有了三个，我父母有时会笑着互问，如果当初他们并未坚持说出那句"我愿意"，又会是怎样一幅光景。也许这就是我喜爱婚礼的缘由，也解释了为何"我愿意"这句众目睽睽之下的坚定表白会令我心动。爱需要勇气，我自己就见证过很多得到回应的例子。我个人的婚姻便是如此。我对婚礼的喜爱大概还源于它的庆祝仪式，以及与之相关的

花艺挑战。那种氛围令人难以自拔，这点很有意思。不过婚礼并不一定要盛大华丽。想想我的父母，他们是那般的年轻，又是那样的囊中羞涩，全然举办不起如今人们口中的梦幻婚礼。因此我的婚宴主导思想便是——放大爱情，缩小开支。新人可同证婚人在家中庆贺，享用一场妙不可言、清新欢快的婚宴。所选用的花朵轻柔娇嫩，正如我想象中的新婚生活那般充满生气，包括铃兰、珍珠绣线菊、木茼蒿、丁香、小巧密实的欧月和白色的郁金香。此处并未使用花瓶，它们日后才会出现在生活中，水杯同样可以胜任。餐桌上摆放着新娘捧花，以此纪念人生中最重要的一次"我愿意"。赖兴巴赫⊖（Reichenbach）"花"（Flower）系列的瓷器与场景完美地融为一体，就连名字也很契合，仿佛保拉·娜沃

⊖ 德国瓷器品牌，创立于 1900 年。

混凝纸字母模型多见于艺术领域，
此处用作宣言，无加工且未染色。

JUST MARRIED

餐盘上轻柔而富有春意的粉彩色调与一众花朵形成呼应。碧光莹莹的劳沙森林玻璃为餐桌注入了一缕清新的气息。

DIY
见 84 页

尼[⊖]（Paola Navone）专为这一场合打造。与之搭配的玻璃杯极富迷惑性，青春靓丽的外形不过是种表象。它们由劳沙[⊜]（Lauscha）出产的"森林玻璃"（Waldglas）制造而成，后者数百年来始终保持着一贯的模样。无论是碧绿的颜色，还是玻璃中的气泡和条纹都令我沉醉，一眼就能看出它们为手工制作。杯口外展的森林玻璃水杯又被称为"歌德杯"（Goethe-Glas）。人们在歌德的遗物中发现了这种杯子，并将式样保留至今。餐具则刚好相反，它们正像看上去那般年轻。按照我的设想，此处须得搭配一套明快而富有亲和力的木质餐具，然而搜寻过程却比想象中要困难，最终在位于索林根[⊜]（Solingen）本身专攻刀具的古锐德工厂收获了圆满的结局。

装饰小贴士

可将不同式样的水杯和酒杯充当花瓶，插入各种心爱的花后，横向排列在餐桌上作为装饰，并以藤本植物串联，比如此处的多花素馨。

∧ 花艺装置为室内增添了一些欢快的气氛，只需要铁丝圈、毛线和几株嘉兰，便可轻松复刻。

⊖ 意大利著名女设计师。
⊜ 位于德国图林根州，以玻璃制造业而闻名。
⊜ 位于德国北莱茵 - 威斯特法伦州，著名的刀具制造中心。

婚宴虽小，但一应俱全。仅限新人
和证婚人参加，成就难忘时刻。

婚礼装饰

花阵

材料和工具：各式各样的酒杯和玻璃杯、小刀或花艺剪刀、
各种花材（诸如郁金香、铁筷子、月季、
木茼蒿、丁香、迷你花烛、多花素馨、
欧洲荚蒾、绵枣儿）

❶

先往杯中注入三分之一高的水，
之后将它们松散地横向排列在桌子上。
要点提示：将大小高度各异的杯子混合排列，
可以形成一种错落的张力。

❷

将花材分为高低两层插入容器内。
先插矮的那层，可低于杯口，起到支撑作用。
之后插入多花素馨，在杯与杯之间形成联结，
藤蔓之间略微交织。最后错落有致地插入更为
轻盈的长枝条花材。

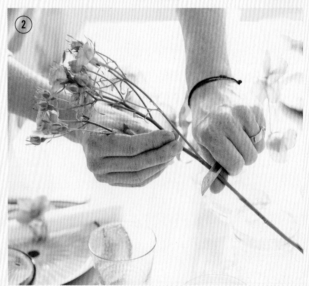

一次非比寻常的宴席，
可谓绝无仅有。

梦幻婚礼

别误会，无论处境如何，
无论预算多少，婚礼永远是美好的。
因而若能锦上添花，又何乐不为呢。

就是有那样一些人，公然宣称自己不喜欢小孩，而且听口气就好像这是什么加分项一般。大多数的时候，我都会在心里接话道："刚好我也不喜欢不喜欢小孩的人。"令我生出类似感觉的，还有那些不举行婚礼的人。婚礼不正是举办一场难忘庆典的绝佳时机嘛！说来奇怪，就我的经验而言，人们不举行婚礼很少是出于财力考量，更多还是因为不想费神。这可说不过去！我本人也算见识过各种各样的婚礼，无论是临时安排的仪式，还是盛大华丽的庆典，几乎无一例外都很美好。在我参加过的各种美好至极的婚礼中，有一场甚至需要自带酒水。所有一切都是宾客自备，包括葡萄酒。爱情至上，花费寥寥，对于一场盛宴来说，可谓恰到好处，尤其适合那些年轻又有朋友帮衬的人。

当然也可以选择传统模式，一切符合艺术审美的婚礼都令我沉醉。作为一名传统人士，我很期待看到一场摆台精致的婚宴，甚至就像此处所展示的这张照片。按照我的设想，这是一次亲人间的小型宴席，设在晚间大规模的庆典前，适合新人同父母和证婚人从教堂返回后的午间用餐。出于这一缘由，此次的摆台格外精致，绝对不负本书的标题，展现了一回高水准的"餐桌文化"。

< 桌布和餐巾为埃格纺织品厂的定制产品。

这回破例一次，先从玻璃杯说起。对于奥地利著名品牌罗布麦尔☉（Lobmeyr）的麦斯林纱玻璃杯来说，唯有拿在手中有过接触，才能真正体会到它的那份细腻与精致。"贵族"（Patrician）系列郁金香形向上开放的杯身式样已有百年的历史，设计者为约瑟夫·霍夫曼☉（Josef Hoffmann）。我还从未见过比这更为优雅同时又经典永恒的设计。这份典雅同样决定了瓷器的水准。此处为两个系列的混搭组合，二者出自同一顶尖品牌，均为梅森的"新"作。只不过这里的"新"属于相对而言，二者更像是对已有式样和图案的重新诠释，在经典程度上，丝毫不逊于玻璃杯。作为货真价实的婚礼瓷器，"皇家花卉"（Royal Blossom）系列给予了我此次摆

台的灵感。瓷盘边沿细小的花朵图案迷人而浪漫。它们与新婚夫妇颇有渊源：花饰出自瓷塑大师约翰·约阿希姆·坎德勒☉（Johann Joachim Kändler）之手，1739年便已问世，作为奥古斯特三世国王☉（August III）赠予王后玛丽亚·约瑟法（Maria Josepha）的新婚礼物。与之搭配的是"皇家蓝"（Noble Blue）系列，图案在经典的蓝洋葱基础上稍作翻新。几乎每家工坊都有这类图饰，不过梅森才是首创者！有意思的是，图案中的洋葱其实是石榴，当时的人们尚不认识后者而将之误认为洋葱。相反"锤击"这一概念却是名副其实，因为它的确是一种以锤子为工具的加工形式。提到这点，是为引出诺贝王☉（Robbe & Berking）的"锤纹"（Martelé）（法

> 梅森、罗布麦尔和诺贝王联手打造的高雅宴席。

< 罗布麦尔精美绝伦的麦斯林纱玻璃杯并不像表面看上去那般易碎。

☉ 奥地利宝级水晶玻璃制品品牌，创立于1823年。
☉ 奥地利现代主义家具设计大师，1870—1956。
☉ 瓷器雕塑师，梅森瓷器的重要奠基人，有"瓷器雕塑之父"的美称，1706—1775。
☉ 波兰国王、立陶宛大公、萨克森选帝侯，1696—1763。
☉ 德国顶级银器及银质餐具制造商，创立于1874年。

宴席设在康泽恩家族精美的画框博物馆⊖（Rahmenmuseum）内，弗洛里安·康泽恩亲自烧制的菜肴与梅森绝美的瓷器宛如天作之合。

⊖ 位于杜塞尔多夫，创建于 1959 年，收藏有来自不同国家的近 1200 幅画框，时间跨度达 600 多年。

主座视角下的银器，出自诺贝王的"锤纹"系列。

语意为"经过锤打的")系列餐具，精美的银烛台同样出自这一品牌。

　　我的信条之一便是细处见风格，餐桌用布的挑选正是基于这一点。其实此处更应被称为"餐桌高定"，因为桌布和餐巾均出自埃格⊖（Ege）纺织品工坊，毫无疑问为纯手工制作。就像玻璃杯那般，其质感一摸即知。无论是桌布轻柔的华夫格图案和明快的淡蓝色调，还是餐巾上精美的手工刺绣花饰，都令我一见倾心。原本已不需要多余的修饰，不过我并不甘心就此收手。作为一名无可救药的纺织饰品爱好者，我从慕尼黑的穆勒饰品⊖（Posamenten Müller）特地为本次宴席定制了餐巾环。它们就像是小巧而典雅的桥梁，架设在瓷器与餐巾之间。

工厂小贴士

诸位可否了解纺织饰品厂？没什么概念吗？不妨上网搜索一下，那里可以定制与瓷器配套的餐巾环。

∧ 花艺装饰低调而不失庄重，花球以满天星和绣球插制而成，正中为白色的兰花。

⌐ 我喜欢用碟形杯喝香槟，它们极为少见，尤其像罗布麦尔这样精美的杯子。

⊖ 德国知名纺织品厂，创立于 1930 年，产品包括餐桌用布、床上用品等，以定制和手工制作作为特色。

⊖ 德国知名纺织饰品厂，创立于 1865 年，主打手工制作，产品包括流苏、花边、绑带等装饰品。

以满天星和绣球制作而成的球形插花。小贴士：可以直接从盆中剪下一种植物，放入球形花瓶内作为装饰，此处为开花的风铃草属植物。

细处见风格

如今的周末传统聚餐可比人们想象中的更为时尚，烤肉排配马铃薯丸子除外。

周日聚餐

如今的家庭早已不是往日的模样。

谢天谢地，现在的家庭更多元，也更开放。

这是好事！反正那些优良的老传统还是照旧。

周日必吃的烤肉排是样好东西，前提是得做到位。不管怎样，这是一项优良且悠久的家庭传统。随着时间的推移，家庭这一概念早已有所改变，并且幸而越发开放。与此同时，周日必备的烤肉排依然还是老样子，并成为我们市民文化的一部分。对于后者来说，一张精美的餐桌就像调味汁于马铃薯丸子那般不可或缺。接下来就让我们为烤肉排的登场搭建一个舞台，并根据家庭的需要，准备好素食的替换方案。此处用来摆台的瓷器，

属于人一生中必买的那一类。当然了，仅限于餐桌文化还被当回事的家庭。只要这点没变，家中就该备有这样一套既符合当下审美又经得起时间考验、不会迅速落伍的瓷器。想要购置全新的家用瓷器，其中一个好去处便是全德历史第二悠久的菲尔斯滕贝格瓷器厂。就像绝大多数瓷器品牌一样，购买时需要从两方面加以考量，其一是式样，其二则是图饰。此次在式样上选用了"卡洛"（Carlo）系列，出自意大利设计师卡洛·达尔·比安

DIY
见98页

菲尔斯滕贝格"卡洛"系列的这三款餐盘式样相同，图案各异，分别为"埃斯特""黄金"和"拉贾斯坦邦"。

科[⊖]（Carlo Dal Bianco）之手。各种元素的设计，比如耳状把手，单看极具潮流感，然而就整体来说仍属经典式样，不会迅速过时。我在图饰方面一时难以抉择，于是大胆以"埃斯特"（Este）、"黄金"（Oro）和"拉贾斯坦邦"（Rajasthan）三种不同的图案款式进行混搭。后者由彼得·肯普[⊖]（Peter Kempe）设计，三者分别对应绿松石色、金色和锈红色。初看似乎难以接受，不过最终效果很好。这尤其得益于桌布和餐巾的选色，它们根据瓷器的色调而定。还有餐桌，对于台布和餐巾的生产商埃格纺织厂而言，圆桌角可谓一大挑战。不得不说，他们干得漂亮，桌布铺出了香奈儿时装的范儿。一块靓丽的桌布无疑属于基本装备。同样必不可少的还有高颜值，尤其是高品质的玻璃杯，经典的式样可以取代其他一些设计。此处选用的是圣维莎水晶玻璃的"佳酿精选"（Wine Classics Select）系列。向上收束的杯身与维也纳银器制造厂（Wiener Silber Manufactur）生产的"小提琴箱"造型的银质餐具形成呼应。这套餐具的设计出自巴洛克时期，造型经典至极，改动之处均处理得异常慎重。

DIY
见 99 页

∧ 少即是多——一根根柔嫩的花枝松散地插在菲尔斯腾贝格的瓷碗中。

< 像圣维莎这样经典的玻璃杯系列实属家中必备。

[⊖] 意大利著名建筑设计师和室内设计师。
[⊖] 德国知名设计师。

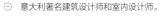

大花飞燕草和春意盎然的嫩枝为室内
增添了一抹春日的灵动。

插花 & 餐巾环

餐巾环

材料和工具：（贴面）木皮（手工或艺术专用）、
双面胶、剪刀

❶

将整块木皮裁成5~8厘米宽的长条，
并在长条一端贴上一段双面胶。

❷

将木皮缠绕在餐巾卷的中心部位，
撕去隔离膜，将两端黏在一起。

小 贴 士

餐巾环还可兼作座位卡。
字迹效果应提前测试一下。

插花

材料和工具：陶瓷器皿、花泥、玩具沙或鸟笼底砂、
小刀、绣线菊枝、郁金香、
茵芋枝、耧斗菜、洋桔梗

根据器皿大小，裁下体积合适的花泥。
器皿中加水，将花泥置于水面上，
不要将其压入水中。
裁好的花泥要比器皿口矮1厘米左右。

以沙子遮盖花泥，
铺薄薄一层即可，
以防堵塞花材切面。

以小刀或剪刀斜切花材，
之后按照设想，
将其小心插入花泥中。

小 贴 士

始终留意器皿的边缘。
插花应限定在器皿内，
不要超出边缘，这样才美观。

露天聚餐

还有什么比在户外用餐更美妙的事呢?

看到第一缕温暖的阳光,

就让我不由自主地想要呼吸新鲜空气,

期盼打造出众多亮眼的露天餐桌。

本章就将列举几种不同场合中的餐桌示例。

装饰灯串、灯笼和纸质桌布（明星纸业出品），合力营造出完美的花园氛围。

花园派对

可以按照一首歌的开头布置餐桌吗？

我试过，选择的歌令人过耳不忘：

"春来麻雀叫，花香阵阵飘！"

< 在精美餐具的衬托下——此处为三头鹰的"晚餐三件套"系列，再加上薰衣草和漂亮羊毛线的点缀，明星纸业的纸质餐巾看上去颇具档次。

随着季节的轮换和随之而起的心绪变化，我的脑海中总会响起一些特定的歌曲。比如近几年的夏末，每当我在夏洛滕堡宫的花园内晨跑时，总会听到同一首曲子——尼尔·戴蒙德[⊖]（Neil Diamond）的《九月的早晨》（September Morn）。这首永不过时的经典之作本是一支法国香颂，原唱为吉尔贝·贝科[⊜]（Gilbert Bécaud）。有时候，你根本不知道歌曲的名字或演唱者，脑子里也只有开头那几句。众所周知，柏林的冬天要比其他地方长三个月。每当冬季接近尾声时，我走到门前，不时便会想到一首歌："春来麻雀叫……"毕竟人们早就对春天不抱希望了。我特地查过这首歌开头部分的出处。它来自玛琳·黛德丽[⊝]（Marlene Dietrich）的一首老歌，为之谱曲的绝非等闲之辈，正是弗里德里希·霍兰德[⊘]（Friedrich Hollaender）。接下来的歌词相当轻佻，讲述了一个正在猎艳的女人。对于一首近百年前的老歌来说，可谓相当奔放。只要春天来临，我总会想起开头这一句，也正是它启发了我举办一场小型花园派对，在天气转暖的日子里与好友共聚园中用餐。毕竟还有什么比这更美好的事吗？不过与室内的常规晚宴相比，这一场景需要遵循另一套法则。比如手边应备好充足的毯子，

⊖ 美国 20 世纪 60—80 年代最成功的流行歌手和创作人之一，演唱风格为民谣和流行摇滚。

⊜ 法国歌手、作曲家、演员，1927—2001。

⊝ 著名德裔美国演员兼歌手，电影代表作有《蓝天使》《上海快车》等，歌曲代表作为《莉莉玛莲》，1901—1992。

⊘ 德国作曲家、作家，1896—1976。

DIY
见 109 页

紫色、粉色、红色以及葱葱郁郁的绿
色——这些是独属于夏天的色彩。

装饰小贴士

装饰灯串早已今非昔比。现在的灯串可配备各种形状和颜色的 LED 灯，而且不惧风雨，可放心用于花园中。

春天的夜晚很可能会转凉。这种情况单靠酒可无法弥补。此外，如果还未真正入夏，那么就该着手营造出夏日的氛围来。手段便是色彩。花园中的"真实"绿意尚显青葱，搭配"花哨"的颜色恰到好处。我将不同的纸桌布互相重叠，作为餐桌的基调。它们正适合露天用餐，不仅相当实用，同时价格实惠——制造商为明星纸业⊖（Papstar），而且立马就能呈现出合适的色调。接下来自然少不了花卉。即便时节未到，商家们也已开始供应一些夏天才开放的品种。我很高兴可以买到第一批大丽花，同时选了些蓝色矢车菊作为搭配。薰衣草自是不可或缺，通常全年都能买到。尽管如此，它在我心中仍是最名副其实的夏季花卉，其中一个原因就在于它的香气

⊖ 德国纸制品公司，创立于 1873 年，产品类目主要包括一次性餐具与打包用品，餐桌与房间装饰，以及一次性家用清洁产品。

∧ 坐在这样的餐桌边，可以尽情享受夏夜时光，最好永不散场。

∧ 圣维莎"夏日心情"系列的精美双层玻璃杯与自制的陶质餐具尤为般配。

格外迷人。再加上雏菊、嘉兰、欧月和作为点缀的菊花，一把夏日花束便大功告成。对于花园中的餐桌来说，有些装饰绝不能少。没有灯笼便万万不行，我将它们挂在了一条灯串上。后者让我不禁想到：有些东西只有消失了，才会令人意识到对它们的怀念。令我大发感慨的正是旧日好物白炽灯泡，它们在 LED 灯的时代逐渐销声匿迹。此刻在我眼前，白炽灯泡的经典之美则借助最新的 LED 技术得以保留。如今这种灯串被制成各种颜色。为避免色彩太过，此处选择了透明款，因为这张夏日餐桌也需要些许的安宁。防风灯、醒酒器和玻璃杯的选择同样遵循了这一原则。在挑选玻璃器皿时，我看中了圣维莎水晶玻璃的一款新品，这个系列仿佛是为花园场景

量身定做的。双层杯壁设计，"夏日心情"（Summermood）的名称与我的创作意图完美契合。餐具同样符合花园主题，这是一套由三头鹰（Carl Mertens）出品的旅行餐具，它有一个别出心裁的名字——"晚餐三件套"（3Toos4Dinner）。说到碗盘，多少有点令人难为情，因为坦白地告诉大家，它们是我自己制作的陶器。多年来，我每每对着这些"宝贝"自问，它们究竟能在哪儿派上用场？现在我有了答案：就在这样一个美妙的夏夜，摆放在这样一张餐桌上。愿夜色与美酒如约而至，因为此情此景令我想到另一首歌——莎拉·沃恩[⊖]（Sarah Vaughan）的《美酒和玫瑰的日子》（Days of Wine and Roses）。

⊖ 美国歌手，20 世纪爵士歌坛三大天后之一，1924—1990。

早春时节，满目新绿。在花园就餐时，建议备好保暖用的披巾。

薰衣草与刚开放的大丽花堪称
梦幻组合，搭配自制的陶质夏
日餐具恰到好处。

DIY
见 108 页

夏日装饰

薰衣草花束

材料和工具：细长的玻璃花瓶（适用于单枝花）、
毛毡线、大丽花、月季、干薰衣草

❶

用薰衣草将花瓶小心地围住，然后以单手固定。
薰衣草应高于花瓶口。如果花茎过长，
可用剪刀将其剪至与花瓶底部齐平。

❷

用毛毡线缠绕薰衣草束，形成一道
较明显的捆绑带，然后打结固定。

❸

在花瓶中倒入水后，插入各种花材。

小 贴 士

如果手边没有薰衣草，也可选取其他的夏季香草，
例如迷迭香、百里香或鼠尾草。
造型可以保持一整个晚上，
而且看上去非常美观。

薰衣草盆插花

材料和工具：陶盆（内部有涂层且底部无洞）、
木工胶、刷子、薰衣草干花、
花泥（砖形）、自选花材

1

将木工胶粗略地抹在陶盆上，涂层不能过薄，
否则薰衣草难以固定牢靠，但也不要太厚，
以免胶水从表面滴落。如果初次涂抹后
未能完全覆盖表面，可以等胶水晾干后
再来一遍，然后黏上干花。

2

将裁剪成合适形状的花泥放入水中浸透。
操作时，先将容器装满水，
再将花泥放在水面上，注意不要将其按入水中。
裁剪后的花泥应低于容器边缘1厘米左右。

3

根据喜好插入准备好的花材。
花材应形成高度差，
以避免聚集于同一平面上。

小 贴 士

可以选择富有情趣的花材作为焦点，例如此处的无花果，
能够吸引人们的视线在此停留。

如果手边没有薰衣草，也
可用其他材料代替，比如
宠物垫料、肉桂粉或鸟笼
底砂。

柏林一角。奥伯鲍姆桥的风光与
桌面装饰争相引人注目。

屋顶派对

如果没时间筹备，该怎样办一场派对呢？

很简单——躺到沙发上，

然后打几个电话。

说起举办派对这件事，据我观察主要有两种情况：一种是有意筹办，但是实在没有时间准备；另一种是毫无兴致，但迫于形势别无选择。比如生日将近，赶上周年纪念日，或要举行洗礼——无论如何都逃不过去。毕竟大家都很喜欢在朋友们的派对上蹦两下！

现在就让我们躺到沙发上，思考一二，然后拿起电话。我们至少要打四通电话。首先要预订场地。在柏林的话，我推荐至少尝试一次私人屋顶俱乐部⊖（Private Roof Club）。在这座城市里很少有场地能看到施普雷河和奥伯鲍姆桥的迷人风景。正因为如此，我们的拍摄地点选在了这里。确定场地后，接下来打给挑选好的宴会承办方。在这方面，每个人肯定都有自己的经验，也积攒了一些相应的人脉。多数情况下——大概不仅限于首都，好的宴会承办人总是比好的活动场地要常见。第三通电话应立即打给装备供应商。这里面可就有意思了——至少对于身处派对进化史某一特定时期的人来说。早些年，只要有一个 DJ 就能称得上是完美的派对，而随着时间的推移，对派对的要求也与日俱增。不是有句口号嘛，"不用自家碗盘，才叫派对"，因而只是把足够多的桌椅摆放到一起已远远不够。我向来不喜欢手抓型食品，并且一直认为，即使客人数量较多，也要为桌上的食物配备完美的摆台。该有的一样不能少，并且最好所有器具就像是从自己的杯架和碗柜中拿来的一

∧ 这套时下大热且手作风格浓厚的瓷器出自思德来的"随性"系列。

⊖ 德国一家活动场地租赁公司，成立于 2008 年，坐落在施普雷河畔，与东区画廊毗邻，可提供三层楼与屋顶露台共一千多平方米的场地租赁服务。

样。至于如今时髦而高水准的活动装备供应商表现如何，可以参看此处这张颇具规模的派对餐桌。摆台所用到的装备几乎都来自供应商"派对租赁"（Party Rent）公司⊖，他们的库存简直无穷无尽，种类之丰富令我震惊，尤其是瓷器。上一届法兰克福春季国际消费品展览会（Ambiente-Messe）刚刚发布了最新的餐具流行趋势，那便是手工制作风格的设计结合个性化十足的釉彩，而我立马就在供应商那里找到了一套非常漂亮且十分新潮的瓷器。此处用到的正是思德来⊖（Steelite）的"随性"

⊖ 德国租赁服务公司，创立于 1992 年，提供家具、餐具、活动设备等物品的租赁业务。

⊖ 英国陶瓷品牌，始创于 1875 年，以陶瓷餐具为主打产品，也有玻璃杯、刀叉、餐桌用品等其他品类。

派对小贴士

准备派对时，请认真对待"装备"这一环，并且找一位靠谱的供应商，其中的差距可谓天壤之别。

∧ 整张餐桌一手包办——"派对租赁"公司的资源似乎无穷无尽且紧跟潮流。

< 恰到好处的"不完美"——现下正流行仿手作风格。

（Freestyle）系列，图案款式名为"工艺"（Craft）。这款瓷器奠定了整张餐桌的基础。就如往常一样，其他器具也便自然而然地确定了下来。不过，我从"派对租赁"库存中所挑选的可不只是餐具和玻璃杯，还有桌子和椅子。在挑选后者时，我又犯了难。这些各不相同的设计师款式实在太好看了，于是决定破例来了一次椅子界的"混搭"。在我看来，这次尝试同样非常成功。

除此之外，建议尽快拨打第四通电话，联系自己信任的花艺师，商谈一下花卉装饰方面的事宜。因为这一步决定了派对的层次，也可以说是水准。花瓶里插上几枝郁金香可不能算餐桌装饰。布置"屋顶派对"的餐桌时，我将花饰分别设在两个平面上。桌面本身没做过多装饰，只摆放了一些嘉兰和石莲花，再次突显了餐桌的夏日感。在人们交谈高度的上方，也就是更高一层平面上的花饰相对放飞一些——我将一大丛花放入巨型红酒杯中，有花烛、蝴蝶兰、菊花、绣球和香豌豆等。在这之间还分散放置了几盏高大稳定的风灯，灯内是艾卡生产的祭坛蜡烛。

鉴于刚好找不到第五通电话的号码，也就没法打给气象之神，我便在椅背上搭了几条非常漂亮的鹰[⊖]（Eagle）牌披巾。你永远也不知道柏林的屋顶派对会变成什么样。有时到了后面，"好凉快"只剩下"好凉"。

> 手工制作
并非某种潮流，
而是一种态度。

< 超大号的红酒杯中盛有花烛、蝴蝶兰、菊花、绣球、车轴草和大花飞燕草等。

> 为避免"凉快"变"着凉"，春季里请记得备好暖和的披巾。

⊖ 德国织物品牌，始创于 1893 年，主营高品质羊毛家居用品与服饰配件。

大大地伸展四肢，视线追随着易破的
肥皂泡泡在空中游走，心中不禁感慨：
夏天可真美好啊！

野餐

人们应该多往杯子里看看！然后世界就会变成……粉红色。也可能是黄色，或绿色。总而言之，会更加多姿多彩，只要用对了杯子。

我坦白并且毫不辩解地告诉大家，我这人对玻璃杯有瘾。一只好的玻璃杯能花去一半的房租，但是它的价值却远非自身用途那么简单。人们总要用到玻璃杯，它们有着千姿百态的式样、颜色、纹饰和质地。在我们家中，任何一个稍有名气的制造商或品牌的玻璃杯都至少有过一次优美的亮相，包括波辛格、圣维莎、特蕾莎、艾奢、罗布麦尔，以及其他许多牌子。如果想要五彩缤纷、打磨精细且充满时尚气息的玻璃杯，那么可以考虑一下罗特玻璃[⊖]（Rotter Glas）的产品。我对他家大名鼎鼎的球面玲珑杯早就倾心已久，借此机会索性深入观察起这款杯子。因为它们不仅有着不可思议的用色，杯身经过打磨抛光的球面更像万花筒一般，产生出奇妙的视觉效果，成为该品牌的标志，但前提是要有合适的光线。也许正因如此，这些玻璃杯才让我产生了筹划本次

⊖ 德国玻璃器皿品牌，制造工艺可追溯至 19 世纪，其水晶玻璃杯以精湛的打磨技艺与绚丽的色彩而闻名。1929 年，品牌创始人卡尔·罗特（Carl Rotter）因球面玲珑杯获得专利。

富有亚洲风情的遮阳伞投下一片阴凉。
长蜡烛（恩格斯）和纸灯笼（明星纸业）
正静待夜晚降临。

野餐的念头。毕竟户外是光线最好的地方，而且如果有待客需求，又拥有一个花园，那么野餐可谓最佳选择。谁说展示"餐桌文化"就一定需要桌子？一片草地同样可以！当然，哪里都可以作为野餐地点，并不一定要在自家花园。然而这个想法实在太过诱人，而且还有几点好处。首先，野餐这种形式可以给客人们一个惊喜，而且各种"设施"近在咫尺。此外，主人也不必为那些贵重的玻璃制品提心吊胆。野餐当然还少不了一些独特的装饰。我在网上发现那些具有亚洲风情的遮阳伞时，简直欣喜若狂，而且价格十分公道，与它们所制造出的效果相比，简直不值一提。能将其收入囊中实在是美事一桩。我已经开始期待它们的下一次出场了。说到存货，

对于那些喜爱装饰物的家庭来说，有一样东西绝不容错过，那就是灯笼！灯笼可谓是百搭神器，无论在花园、厨房还是阳台，毫不费力便可营造出美妙至极的氛围。

野餐时，披巾、野餐布和垫子自然必不可少，同时也是让人眼前一亮的关键。我的思路即"能多绚丽多彩，就多绚丽多彩"，因此在用色方面全然随性。现在正值夏日，户外风景秀丽，缤纷至极。玻璃杯已令我多少有些心花怒放，又怎能放过鹰牌那些色彩绚烂的野餐布和披巾？不过我这人——从纯心理学角度来看——还是有自制力的，至少麦斯威尔&威廉姆斯的瓷器可以证明，因为我所选的是一套不带任何图饰的纯白款。或许这样做只是出于一份小小的歉意，因为我在花艺装饰方面重拾绚烂路线，不仅选了当季花卉，还用了小巧的彩色花泥块。很早以前我就发现了这种小方块的妙处，并且经常使用，因为它们既简单好用，又颇具趣味性。这些小花泥块可以在信任的花商那里以优惠价格订购。既然身处花园之中，而野餐又不必太费事，因此我在花艺方面完全没做过多设计，尽可能简单化，只选了一些花园中的夏季花卉。不过，我用一只小巧的花环制造了一处不甚起眼却又赏心悦目的花饰点缀。我将它十分随意地放在一只靠垫上，作为夏日的象征和回忆。

· 花艺小贴士 ·

彩色小花泥块为史密夫 - 奥赛斯[⊖]（Smithers-Oasis）公司的产品，可在花店订购。它们具有蓄水功能，还可用于固定非常娇嫩的花材，以透明水杯盛放即可。

< 就连影子似乎也染上了罗特玻璃杯的深邃颜色。

> 制作花环需要一定的时间和耐心，但是绝对值得。

⊖ 美国著名花泥制造商，也是花泥的发明者，创立于 1954 年，现为全球提供高品质花泥与插花配材。

DIY
见 123 页

"
夏日时光，
室外风景正好，
缤纷至极。

没有野餐毯何谈野餐。图中的
漂亮披巾出自鹰牌。

DIY
见 122 页

既有如此丰富的色彩，再来点白色也
无妨，如麦斯威尔 & 威廉姆斯的餐盘
和造型优美的小碗。

花泥小方块 & 花环

彩色花泥小方块

材料和工具：五颜六色的"彩虹"花泥块（花艺用品专卖店有售）、玻璃器皿、刀具、各种鲜艳多彩的夏季花卉

❶

将花泥块放入盛有水的容器中，
直到它们像海绵那样吸足水分。
切勿将花泥块按入水中！

❷

将花泥块一层层叠放在玻璃花瓶中，重新装满水。

❸

按照喜好将花材逐枝插入花泥块间。
这些小方块不仅看上去赏心悦目，
还能起到支撑固定的作用。需要注意的是，
这些彩色花泥块在储水方面不如常用的绿色花泥，
因此要一直添水，使花泥块浸在其中。

小 贴 士

花泥块既有彩色款，也有单一颜色的。

花环

材料和工具：纸包铁丝或线绳、捆扎用的细铁丝
（花艺用品专卖店有售）、各种夏季花卉（选择生命力强、
无水状态也能存活一段时间的花材，
具体可向花艺师咨询。）

1

测量头围，在此基础上额外留出大约20厘米的长度
（以便合上花环）。将线轴固定在铁丝上，
从此处开始捆扎花环。

2

在适当的位置处将花朵从花茎上剪下，
然后取一部分放到铁丝周围。

3

将处理好的小花用细铁丝多次缠绕并固定。
重复这一过程，直到距离铁丝末端约10厘米处。

4

再次测量一下，看看花环的大小是否合适。
然后剪断细铁丝并将其固定到纸包铁丝上。
现在将铁丝两端小心地拧在一起，
再将伸到外面的部分剪掉。

小 贴 士

恰当的准备工作相当于成功了一半。
请备好充足的花朵，注意尽量大小一致，
否则花环很快就会变形。想要花环保存得更久，
可在花商处购买蒸腾抑制剂。

下午茶与咖啡茶话会

有些事并不能用数字化的方式搞定，也无法凭借

聊天工具或智能手机上的其他应用软件解决。

因为什么也比不上面对面的交谈——若有咖啡和茶，那便更是如此。

再来点蛋糕！因为这时信息交流便会演变成一项真正的

文化技艺——那就是不可替代的闲谈八卦。

重启咖啡茶话会

无论是素食主义还是原始人饮食法[⊖]，精酿啤酒又或手撕猪肉，

最时尚的饮食潮流总是率先在柏林崭露头角。

如果能在这儿获得成功，那么便能红遍各地。

最新流行动向——柏林人重新发现了旧时咖啡茶话会的美妙，

当然是一种令人耳目一新的形式。

我爱柏林。几年前我们刚搬到这里时，那会儿最流行且最健康的饮食方式非素食主义莫属。谁能想到这一颇为独特的潮流会发展成一场影响如此深远的运动呢？如今，没有哪个咖喱香肠摊会不提供素食版，这是理所当然之事，而且不仅在柏林如此！不过这座城市里的人很快便腻味了。我们刚学会每次请客时至少要准备一份素食，下一项潮流便已来临。这次流行的偏偏是"时尚肉铺"（Coole Metzger）。这些店铺会起个诸如"老兄吃肉"（Kumpel & Keule）[⊜]之类的名字，而出现在柜台前的那些时髦人士，看上去正像是三年前预言素食主义的那帮家伙。柏林人（包括我们自己）在这些店铺的柜台前大排长龙，仿佛一夜之间就对高品质肉类如痴如狂。切记，千万不要赶时髦，因为它总是跑在你前面。

虽说如此，我倒希望最新的这轮潮流可以普及开来。那就是美好的旧日咖啡茶话会，目前它正重新回归柏林人的生活。大家在周日下午以小圈子的形式聚在一起，喝喝咖啡（或茶），品尝一下美味的点心。关键就在于

< 这便是"新式"咖啡茶话会——娇嫩的玉兰花和明亮的粉色调杯盘营造出完美的周日气氛。

> 细线末端，小巧的纸蝴蝶于盘子上方"翩翩起舞"，同时提醒着众人：这是贝蒂娜的座位。

DIY
见 133 页

⊖ 一种主张回归原始人习惯的饮食方式，提倡少吃谷类、豆类、奶类、盐和加工食品，以鱼、肉、蔬菜和水果为主。

⊜ 柏林一家网红店，创立于 2015 年，以透明化和高品质为特色，既售卖各种肉类及肉制品，也提供汉堡一类的简餐和正餐。

白色长条桌布为漂亮的条纹木桌
留出了展示空间。浅灰色的餐巾
正与之呼应。

小窍门

家中应常备各种类型和质地的
丝线，在制作这类漂亮的餐巾
环时便可派上用场。

DIY
见 132 页

∧ 这两枝纳丽花将玉兰花衬得大气磅礴，与黄色
的靠垫组合在一起，看起来赏心悦目。

"美味"，而这正是此地的传统，毕竟柏林是小型精品
面包房和蛋糕店的大本营。

　　我们在柏林的朋友卡塔琳娜和乔瓦尼是一对非常年
轻且新潮的建筑师夫妇。我决定为他们二人布置一张符
合当下潮流的咖啡桌。瓷器出自欧瓷宝⊖（Arzberg）的
2000 系列（Form 2000）。在我看来，它们既时尚又经
典，而且令人惊讶的是，它们已有超过六十年的历史，
因此还透着一丝复古气息。无可挑剔的造型连同名为"树
枝"（Ramo）的图案款式极大地帮助我实现了自己的
设想：一张轻快的春日餐桌，柔和淡雅的色彩（以淡青

⊖ 德国卢臣泰旗下陶瓷品牌，创立于 1887 年。该品牌瓷器较为年轻化，
　设计上兼顾美学与实用性，善于运用色彩，更具现代气息。

这场色彩盛宴绝不能少了马卡龙的身影。这款来自法国的特色点心在柏林大受欢迎。

DIY
见133页

色餐盘为首），以及亲切友好的周日气氛。三头鹰时尚美观的铜质餐具令人眼前一亮。彩色玻璃杯的颜色对应餐盘的配色，在阳光下闪烁着绚烂的光彩。如何在花卉和装饰方面延续餐桌的柔和风格，同时避免喧宾夺主，成为设计的重点。玉兰花枝虽然花期短暂，却构成绝对的焦点。我对它们的喜爱几乎超过了郁金香。奉上一条小贴士：可以从商家处订购一些体积稍大的枝条，并及时放在阳台上降温，以便使用时达到盛开的状态。餐桌上优美的卢臣泰花瓶令我倾心不已。我原本就对大花瓶抱有好感，而此处的花瓶式样不仅为整张餐桌带来一种优雅的动感，还与精致的纸蝴蝶装饰一道勾勒出这场春日美梦的轻盈灵动。

· 专业小贴士 ·

玉兰的花期很短，购买时应尽快下手。最好用园艺剪将梗底部剪出十字切口，深度约5厘米，以便枝条吸收水分。如果尚处于花苞状态，可将其移至温暖处，有助于加速开放。

< 欧瓷宝以"树枝"系列图案对已有近六十年历史的2000系列加以重新诠释。柔和的粉彩色调与卡梅腾的铜质餐具和俐傲纳朵⊖（Leonardo）的亮色调玻璃杯相得益彰。

⊖ 德国玻璃制品公司，创立于1859年，产品包括玻璃杯、厨房餐桌用品、家居玻璃制品、礼品、饰品等。

圆形花架 & 餐巾环

圆形花架

材料和工具：自带小玻璃管的金属圈、白色缝纫线、
多花素馨、粉色纳丽花、丝带剪

将缝纫线绷在金属圈上，形成一张网。

多花素馨去除绝大部分叶片后，将它们小心穿过线网。
在藤枝末端打剪口，插入小玻璃管内。

将纳丽花置于金属圈前，裁剪至适当的长度，
使花朵插入后能够位于圆圈正中。

制作完毕后，往小玻璃管中装满水。

餐巾环

材料和工具： 两只底部带有夹子的纸蝴蝶、扁铝线、
铁线剪、圆嘴钳、玻璃瓶或相似物

1

将铝线缠绕在瓶颈处，形成想要的螺旋状。
铝线末端用钳子反向弯折。

2

调整线圈至合适的宽度。
将餐巾对折后卷成卷，
从线圈中穿过。

3

用夹子将纸蝴蝶固定在线圈的末端。

4

取下线上的蝴蝶，将写有名字的透写纸别在上面，
然后重新固定好蝴蝶。调整铝线的弧度，
使蝴蝶盘旋在蛋糕盘上方。

质地精良的瓷器即便没有图饰，也可惊艳
四座。更何况是柏林皇家瓷器厂的杰作，
又有美观的花艺装饰作为陪衬。

传统下午茶

只要有茶，烦恼全无。
尽管如此，或者正因如此，
才有必要说点什么。
因为聊天的感觉实在太棒了！

说到刻板印象，通常人们会尽量回避它，尤其涉及男女差异时。没人愿意说错话自取其辱，这可是个敏感地带。但涉及"聊天"这件事时，人们便会发现，为了促成它，现实正在向刻板印象靠拢。

以我们的交际圈为例。据我观察，其中有些男士当真把"聊天"看作一种交流形式，这岂不令人匪夷所思？一种交流形式？！女士们的看法则截然不同。对她们来说，"聊天"首先是一种文化项目，因而与时空有着直接关联。也就是说，需要一定的空间和大量的时间。除此之外，还有许多事宜待定。首先需要确定时间，因为见面聊天自然要事先约好！聊天这事并非说成就成，不能全凭凑巧。其次需要一个环境优美的场所。有些人中意咖啡店，甚至酒吧也可以。就我个人而言，自己家才是最佳地点，因为环境更私密，而且可以亲手布置餐桌。正如此处这张餐桌，我为它构想了一个场景：三个闺蜜像往常一样，又一次"迫不及待"地凑到一起，互相交流情报，并且乐在其中。设计重点在于尽可能营造出一种低调内敛的氛围。按照我的设想，桌面应当如白纸一般干净分明，任由各种想法驰骋其上。为了找寻富有古典气息的瓷器，我来到一家经典的制瓷厂，实际上它就

< 纯白色调、干净利落、一目了然——
没有任何干扰聊天的因素。

瓷器越高雅低调，花饰的效果就越显著。
这盆华丽的插花由花烛、铁筷子（圣诞玫
瑰）、木茼蒿、矢车菊和欧洲荚蒾构成。

DIY
见 139 页

DIY
见138页

凯西勒的白色餐巾搭配绿色的羊毛毡环和花烛，给人一种温暖舒适之感。

在柏林我们家的不远处。KPM 三个字母代表着一个拥有悠久历史的伟大名字——柏林皇家瓷器厂（Königliche Porzellan-Manufaktur）。它并非由腓特烈大帝[⊖]亲手创建，而是这位极具企业家风范的国王于 1763 年通过收购得来，不仅为之命名，还将国王权杖作为其标志。自此以后，柏林皇家瓷器厂与梅森、菲尔斯滕贝格和宁芬堡一道成为德国瓷器艺术中最负盛名的品牌。我从"柏林"（Berlin）系列中选择了一款式样经典却不过时的瓷器，不对称的茶壶把手造型尤其令我着迷。这套瓷器没有任何图案，得以专注呈现质地之美，绝对值得静下心来好好观赏。也许还可以试着辨识一下各家瓷器的区别，每家瓷器厂在制作所谓的"坯料"时，都有各自的独门配方。在"老弗里茨"[⊜]的时代，这些配方都是受到严密保护的国家机密，直到今天依然没大改变。

为了不让桌子看起来过于冰冷，我决定以毛毡形成温度上的反差，将其制成餐巾环搭配粉色花烛，并以之围住用来插花的容器外壁。选用的花材色调柔和，整体风格避免夸张，具体有铁筷子、木茼蒿、矢车菊和欧洲荚蒾莱——不存在任何可能分散说话人注意的元素。

· 专业小贴士 ·

家中可常备各种类型的花泥，有了它们便能轻松创作出令人印象深刻的插花作品。用普通厨刀将花泥切成适合容器的形状，之后浸透即可。花泥可向花商订购，或通过专业渠道购买。

⊖ 普鲁士国王（1712—1786），在位长达 46 年，主张开明专制，统治期间普鲁士国力迅速提升。
⊜ 即腓特烈大帝。

餐巾环 & 插花

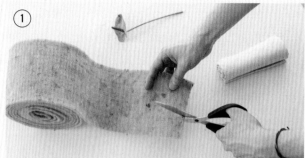

餐巾环

材料和工具： 餐巾、毛毡带、剪刀、花烛（或其他花材）

餐巾根据瓷器成比例卷好，不要太大也不要太小。

裁下一段毛毡带，宽度为餐巾长度的三分之一左右，
在任意一端剪出一道豁口。

将另一端穿过豁口，形成环扣，
最后插入一枝花烛作为装饰。

插花

材料和工具：自带花泥的花盆、热熔胶枪、剪刀、小刀、
毛毡带、花材组合（如迷你花烛、矢车菊、木茼蒿、
多头月季、铁筷子、雪片莲、欧洲荚蒾、银莲花、嘉兰）

取出盆中的花泥，放入带水的容器中浸泡。
不要将其按入水中！在塑料盆外壁点上若干热熔胶，
之后将毛毡带环绕花盆并粘住。

围合后的毛毡带留出一截，用剪刀竖直剪断，
在重叠处用热熔胶黏合。
将毛毡向内折至想要的高度。

将鲜切花以不同的高度插入花泥中，
打造出蓬松轻盈的效果。
不要将花材插得过高，
以免过于突出。

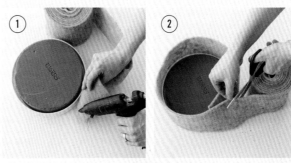

DIY
见 145 页

说到茶具，有一个名字绝对绕不开——那就是威基伍德。装饰着铃兰和小礼物的精致茶巾可谓其最佳拍档。

淑女下午茶

与淑女结识是一件幸事。

我自己便认识许多"名副其实"的淑女，

不过没一个人会如此称呼自己，

这样做可不符合淑女形象。

在德国一些大城市中，有两类男性形象正卷土重来。他们虽然都有着迷人的外表，骨子里却是天差地别。这两类人都很注重时尚，不过共同点也仅限于此。也许是从潮人聚集地开始，柏林的大街小巷、咖啡馆和人气酒吧中再次出现了花花公子（Dandy）的身影，这便是第一种类型。事实上，我对花花公子并无好感。在我看来，文学作品也好，现实生活也罢，他们中的著名榜样无一不是离经叛道之辈。无论是布鲁梅尔（Brummell），还是夏吕斯男爵（Charlus），又或是孟德斯鸠伯爵（Montesquiou）[⊖]，都或多或少地带着点自命不凡的反社会情结。在我眼中，他们不过是一个个受过伤的灵魂，以华丽的衣着为面具，掩盖可能存在的性格缺陷。现代版的花花公子或许已经不再如此，他们的特征就一点——外表光鲜。第二类男士形象虽然没那么惹人注目，但看起来更为顺眼，而且值得庆幸的是，也更为常见。我说的正是绅士群体。这类男士形象的重点不在于时尚，

⊖ 乔治·布莱恩·布鲁梅尔（George Bryan Brummell）生于 1778 年，着装时尚的引领者，被称为花花公子的鼻祖。德·夏吕斯男爵（Baron de Charlus）为《追忆似水年华》中一个花花公子式的人物。罗贝尔·德·孟德斯鸠（Robert de Montesquiou）生于 1855 年，法国花花公子界的领军人物，崇尚唯美主义，被认为是夏吕斯男爵的原型。

现代版"淑女下午茶"，在牛仔裤、运动鞋、普罗塞克起泡酒中轻松展开。

而关乎某种举止态度，主要表现为彬彬有礼、风度翩翩且克制自持。不同于花花公子，绅士一词在某种意义上还有一个与之对应的女版概念，那便是淑女。我们很应为此感到荣幸，在我们的交际圈中就有几位这样的女士。若听到被称为"淑女"，估计每个人都会露出一副不可思议的神情，但是她们身上的确有共通之处，诸如举止得体、为人稳重、具有教养以及偏爱精致优雅的英式生活方式。一切喧嚣和焦躁都与她们无关，而且不管存在怎样的差异，她们无一例外都爱饮茶。如此一来，这张小茶桌也便有了关键词：淑女和茶。将这两者与上面所提到的亲英倾向联系在一起，那么在茶具的选择上自然而然便会想到一个近乎传奇的英国著名品牌——威基伍德（Wedgwood）。这家由约西亚·威基伍德[⊖]（Josiah Wedgwood）创办于 1759 年的瓷厂就如同英国人的梅森，凭借名为"浮雕玉石"[⊖]（Jasperware）的陶瓷而闻名全球。这是一种蓝色无釉且饰有白色浮雕的瓷器。

淑女下午茶选用的是一款新式茶具，在过往图案的基础上进行了精彩的翻新，看上去既古典又现代。为了将"纯正英式"贯彻到底，我在一旁另外摆放了一只同属"花间舞蝶"（Butterfly Bloom）系列的精美甜品架，于是除黄瓜三明治之外，顺理成章地多出了司康饼配凝脂奶油和草莓酱。蛋糕上随意撒着几朵糖渍花作为点缀，提升颜值。这些糖渍花出自乌克马克[⊜]（Uckermark）的扬·莱曼和安雅·默克尔果园（Jan Leymann and Anja Merkel），自然全都可以食用，而且用途广泛，堪称秘密武器。设想中的"淑女茶话会"本就应当花团锦簇，因此，我在波辛格的绿色花瓶中几乎只放置了花材，从而完成了这件精巧的"杰作"。其中有铁线莲、纳丽花、铃兰嫩枝、香豌豆、须苞石竹、绣球和六出花。绑着小礼物的茶巾（规格均为 30 厘米 ×30 厘米）同样使用了铃兰作为点缀。

DIY
见 144 页

纯正英式——
司康饼配凝脂奶油
和草莓果酱。

< 在波辛格的花瓶中插入铁线莲、纳丽花、铃兰嫩枝、香豌豆、须苞石竹、绣球和六出花，便有了这件精巧的杰作。

⊖ 英国最重要的陶瓷工匠，"玮致活"品牌的创立人，被誉为"英国陶瓷之父"，1730—1795。
⊖ 又名"碧玉细炻器"。
⊜ 德国勃兰登堡州的一个县，首府为普伦茨劳（Prenzlau）。

一层又一层的美味茶点，糖渍花为点睛之笔，它们全部可以食用。

夏日装饰（下午茶版）

插花

材料和工具：高度适中的玻璃器皿（此处为波辛格的
"装饰花盆"）、小刀、绣球、六出花、铃兰、
香豌豆、鸡冠花、须苞石竹、
粉纳丽花、铁线莲、天蓝尖瓣藤

在玻璃器皿中装入水。将绣球剪短后，
使其立于容器内部，作为一种支撑，
以便像花泥那般将其他花材固定在所需的位置上。

将花材依次插入绣球花丛中。
注意花材应高低错落，
这样插花才会显得轻盈松散。

附带礼品的餐巾

材料和工具： 有硬度的纸、铅笔、圆珠笔、剪刀、
直尺、CD或其他圆形物、缎带、铃兰

以CD为模板，用铅笔在纸上画一个圆。
用直尺将圆形分成四等份。

将CD放到圆与直线相交处，
用铅笔在圆内描出四道弧线。

用圆珠笔描出圆内的菱形图案。
适当用力留下印记，
作为小盒子的折痕。

用剪刀将圆片剪下。

将圆片折成一个小盒子。

折叠餐巾，将小盒子置于上方，并用缎带固定，
之后将铃兰穿过缎带即可。

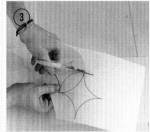

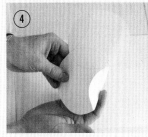

基督降临节[⊖]与圣诞节

庆祝圣诞节的方式多种多样，唯有一种最不可取，那就是压根不庆祝，

毕竟年末的休息时光和节日气氛实在美好。

至于如何庆祝，则是个人选择。既可以是隆重而传统的家族聚会，

也可以走极简主义路线，或者与朋友们别样欢度。

如何操办，可以看看本章所展示的各种餐桌。

⊖ 圣诞节前四个星期的第一个星期日。

落有雪花的窗户、朱顶红、红色星星和
马罗林牌经典圣诞靴构成了一幅温馨惬
意的画面。

传统圣诞宴

圣诞节正是大胆尝试的好时机。
对此我深表赞同，于是趁机大玩了一把怀旧风，
同时保留了相当多的现代元素。结果如何？好不温馨！

下面这件趣事最能体现我们家的装修风格。我们有一位版画家朋友，此人以极简主义风格和热爱现代纯粹主义设计而著称。那是他第一次来我们公寓做客。眼前的景象显然超出了他的预料。一时语塞后，他略带尴尬地感慨了一句："噢！好温馨啊！"这样说吧，对于喜欢纯粹简约式样的朋友来说，我们家必定会令他们感到失望。我们喜爱色彩、书籍、艺术和各种材质，尤其是

在旅行中带回来的那些漂亮或不那么漂亮的纪念品。我们的家居设计带有独属于我们的印记。首要便是舒适。当然了，我们同样喜欢现代设计，只是不能死板无趣。若问我们的风格最接近哪位设计师，答案很简单——保拉·娜沃尼（Paola Navone）。这位意大利室内设计界的伟大女性所创作出的器物极富美感，仿若信手拈来，始终透着一股风趣，展现出她对样式、色彩与图案的喜

马罗林经典圣诞装饰与毛毡星星的组合将餐巾衬托得高贵精致，营造出传统而温馨的氛围。

爱。正如出自赖兴巴赫制瓷厂、堪称大师级设计的"品味"（Taste）系列瓷器，向外伸出、具有独特轮廓的盘沿袭用了新巴洛克风格的式样，其模板就保存在工厂档案室中。该设计既经典不凡，又颇具新意，摩登十足。我最欣赏盘沿上的珍珠边饰，或许因为它与德里森（Driessen）生产的棕色亚麻餐巾上的镂空花边恰相呼应。玻璃杯与瓷器的搭配可谓天衣无缝。这里引出了另一位我们十分推崇的女设计师。如果没有这位重量级人物的存在，当代餐桌文化简直无从想象。她便是斯特凡妮·黑林[⊖]（Stefanie Hering）。她所设计的"领域"

（Domain）系列玻璃杯同样借鉴了古老的巴洛克高脚杯式样，并在此基础上加入新的理解，最终以优雅的姿态出现在世人眼前。保拉·娜沃尼与斯特凡妮·黑林的作品同时亮相于一张餐桌上，如此绝妙的组合简直令我心潮澎湃。鉴于已有如此不凡的设计，我在花艺装饰方面选择了略微低调的风格。铁筷子与朱顶红应该不会抢了两位大师的风头。由于我心中的圣诞宴与怀旧风并不冲突，于是又从马罗林[⊖]（Marolin）的百宝箱中选取了几件精美的圣诞老物件，例如餐巾上的橡果，还有窗台上那双漂亮的圣诞靴。

DIY
见 154、155 页

,,

保拉·娜沃尼联手
斯特凡妮·黑林——
两位女设计师
同台亮相！

· 花艺小贴士 ·

冬季的铁筷子虽美艳，却也略棘手。它们往往枯萎过快，温水可以改善这种状况。斜剪茎部并在底部打剪口，有助于铁筷子更好地吸收水分。

‹ 保拉·娜沃尼所设计的瓷器采用了经典的珍珠边饰，配上一只插着铁筷子的不对称小花瓶和甜品餐具，令人赏心悦目。

⊖ 德国著名陶瓷设计师、制陶专家，于 1992 年在柏林创立陶瓷品牌 Hering Berlin，推崇极简风格，设计新潮大胆，创新的样式、花纹和釉彩突出了白色瓷具的独特气质。
⊖ 德国工艺品品牌，成立于 20 世纪初，以混凝纸小塑像为特色商品，也生产与传统节日、童话故事等有关的装饰品和摆件。

以黄杨木枝条缠绕半圈的金属灯架，加上蜡烛和红缎，便可得到一款简单易学的高颜值圣诞装饰。

专业小贴士

LED 灯串的纽扣电池易于隐藏，或可融入装饰中。这种灯串在商店即可买到。此处使用的这款灯串带有 20 枚 LED 灯，以银丝连接，将黄杨木花环装点得闪闪发光。

标准的圣诞宴，包括红蜡烛和一众装饰在内，应有尽有。

烛台 & 菜单卡

烛台

材料和工具： 带塑料托盘的长方形花泥、肉桂皮
（长约10厘米）、塑料烛座（专卖店有售）、
两支蜡烛、各种花材和圣诞装饰枝条、小饰品
（木头星星）、热熔胶枪、小刀、园艺剪

❶

将花泥放入水中吸足水分，
注意不要将其按入水中。

❷

在塑料托盘四周粘上桂皮。
操作时，将托盘平放在桌面上，
以便桂皮底部保持齐平。

❸

用园艺剪将烛座截至所需长度并修剪成尖锐的形状，
选择与托盘边缘等距的两点，
将烛座固定在花泥中，
然后插上蜡烛。

❹

从靠近花朵处剪掉多余花茎。
插好花后，将枝条和饰品
一同放入其中作为装饰。

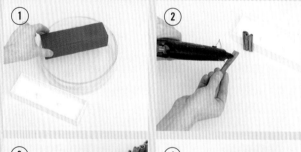

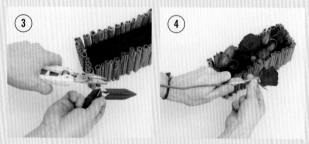

星形 LED 灯菜单

材料和工具：金色铝线（粗约2毫米）、钢丝钳、圆嘴钳、
带纽扣电池的LED灯串（20枚灯泡）

❶

将铝线拧成螺旋状。

❷

铝线每隔5厘米弯折出星形的一个角，
记得留出用于插放的线柄。

❸

将LED灯串从下向上缠到铝线和星星上，
电池位于线柄底部。

小 贴 士

本次一共制作了两只星星。其中一只不带LED灯串，
用来固定手写的透写纸菜单。两只星星插在一枚
富有圣诞气息的红苹果里，红苹果下方是一只以
八角制成的小花环，电池就藏在其中。

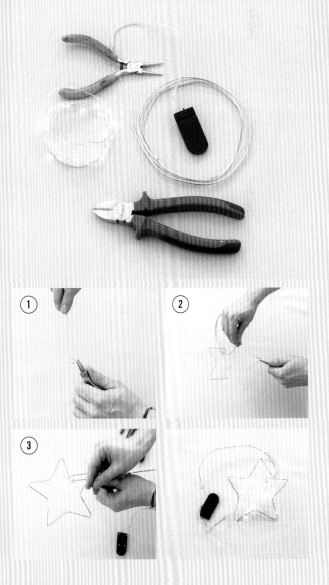

圣诞树未必就会落叶。有时，
这样一棵圣诞树正与明亮简约
的家居风格相契合。

新式圣诞节

庆祝圣诞节的方式多种多样，
既可以走巴洛克式的奢华繁复，也可以走高雅内敛的路线。
不论是哪一种，圣诞装饰都绝不可省。

< 尽管形态分明、用色简约，但是餐桌
并未给人以冰冷或不适感。蜡烛和优雅美
观的亚麻餐巾同样功不可没。

我可不想让人以为，圣诞节对我来说不过是一次装饰餐桌和房屋的契机。在我心中，它绝对是一年中的特殊时刻。信教之人在这段时间里庆祝基督的诞生。对于不信教的人来说，这个节日则是一种家庭仪式，是相聚的动力，是休整和思考，也是对过去十二个月的收尾与反思。我很看重这些方面，每年都尽量花些时间回首过去的这一年。不过无论如何，有一间精心装饰的住宅和一张充满节日氛围的餐桌总没有坏处。在我的一些朋友看来，圣诞装饰不一定非要繁复华丽、金光闪闪，充斥着巴洛克风情。这种设想对我来说是一次挑战，在布置这张新式圣诞餐桌时，我为自己定下了严格的标准：杜绝大红大绿，避开金色，以及绝对不用亮晶晶的饰物。取而代之的是一种高雅内敛的范儿，克制且……好吧，冷峻，至少在我力所能及的范围内。相比之下，我为自己制定的另一条准则更容易实行一些，我希望用来摆台的餐具精美至极且别具一格。

先说瓷器。很久以前，我就迷上了斯特凡妮·黑林设计的瓷器。她为这个缺乏生气的行业注入了大量的活力。更确切地说，是她和她的女性合伙人维布克·莱

DIY
见 163 页

曼（Wiebke Lehmann），后者在公司中扮演着类似内务大臣的角色，对品牌的成功有着难以估量的贡献。我在一众摩登感十足的产品中发现了一款图案与圣诞宴极为登对，令我格外惊喜。该系列名为"牵猎犬的仆人"（Piqueur），所描绘的正是狩猎题材。不过并非人们所想的那类，而是非常精致优美的水彩画作，不需要会打猎，也能欣赏其中的美。这套图案之所以令我感到惊讶，是因为黑林在我心中向来与造型和材质联系在一起。只要看一眼调味汁壶的模样，就能明白我的意思。这样一组瓷器可不是随便什么玻璃杯或刀叉都能匹配的。我所选的两样产品不仅在美学上水准相当，而且还颇具创意。圣维莎 1872 [⊖]（Zwiesel 1872）"空气感"（Air Sense）系列的酒杯中嵌有一枚醒酒球，不但有助

· 花艺小贴士 ·

将郁金香沉入盛满水的细长玻璃容器中，会有一种别具一格的美感。不过花束底部需要用装饰铁丝和重物——此处为一枚小玻璃块——加以固定。水面上建议放一只玻璃浮杯，里面点上茶蜡，这将比单纯的浮蜡燃烧得更久。

∧ 品酒高手和饮酒人士的心仪之物——圣维莎
1872 的这款葡萄酒杯内有一枚小玻璃球，有助
于酒香完美挥发。

< 水中亭亭玉立的郁金香配上水面漂浮的茶
蜡，尽显优雅气质。

⊖ 圣维莎水晶玻璃旗下高端品牌，主打纯手工水晶玻璃制品。

于酒香的释放，而且在视觉上予人莫大的享受。我在挑选刀叉的过程中，再次为其新颖的巧思所吸引。本来我对刀叉架并无兴趣，不过格林⊖（Gehring）公司的这款餐具将其融入自身，的确是相当漂亮的创意。我试着探寻自己在极简主义方面的潜能，继而在花艺装饰上遭遇了实实在在的淹没。更准确地说，是我淹没了郁金香——圣诞节时它们的确已经上市，我将它们沉入装满水的细长花瓶中。在我看来，这种设计营造出一种冰凉感和距离感，在视觉呈现上也相当有趣。此外，我还在水面上放置了小蜡烛——实在没能按捺住。除了霍夫曼⊜（Hoffmann）亚麻纺织厂生产的餐巾外，餐桌用布一律省略。这样一来，优美的餐桌及光洁无瑕的桌面便能得到更好的展示。这张餐桌出自我十分欣赏的家具品牌凯特纳克⊜（Kettnaker），在为整个宴席增添设计感的同时，避免了繁复的造型。索耐特®（Thonet）的椅子与餐桌仿若天造地设的一对，经典的六十年代外观沿用至今。我们的拍摄地点位于一间漂亮的包豪斯别墅内。我在宽敞的房间里摆放了一棵圣诞树，充分诠释了我对"极简主义"的认识。它在实用性上极具优势，过完节后便可折叠起来收入地下室中，以便来年再用。鉴于没有装饰实在说不过去，我便从柏林皇家瓷器厂的商品中选了一些非常漂亮的圣诞树装饰挂到树枝上。抱歉，是挂在木板间。

DIY
见 162 页

"
舍弃繁复奢华风？
接受挑战。

< 极简主义风格的圣诞树在柏林皇家瓷器厂精美的圣诞球、茶蜡和杆蜡的装饰下闪闪放光。

⊖ 德国著名刀具、餐具品牌，创立于 1956 年。
⊜ 德国亚麻织物品牌，创立于 1905 年，为厨房、餐桌、浴室、卧室、服装等不同需求提供亚麻制品。
⊜ 德国家具品牌，创立于 1870 年，提供以桌、柜、架、床为主的全屋个性化家具定制，以现代极简风为主要特色。
㉔ 德国著名家具品牌，创立于 1849 年，索耐特 14 号曲木椅至今仍是经典。

俯视视角展现了餐桌清晰而优雅
的布局。

银光闪耀

朱顶红大变身

材料和工具：喷胶（喷雾细密型）、银箔纸
（或其他色调的金属箔，视装饰风格而定）、
已经抽出花葶的朱顶红鳞茎

❶

将朱顶红从花盆中挖出，轻轻拍掉表面泥土。

❷

用擦碗布将剩余泥土擦掉，这样有助于喷胶的黏合。

❸

在距离大约20厘米远的地方，对鳞茎喷胶。

❹

小心放上金属箔，用手指按压，使其与鳞茎贴合。

————————

小 贴 士

花朵所需的水分完全来自于鳞茎，所以无须操心，
不用浇水，依然会开花。需注意的一点是，
朱顶红必须处于抽出一点花葶的状态。

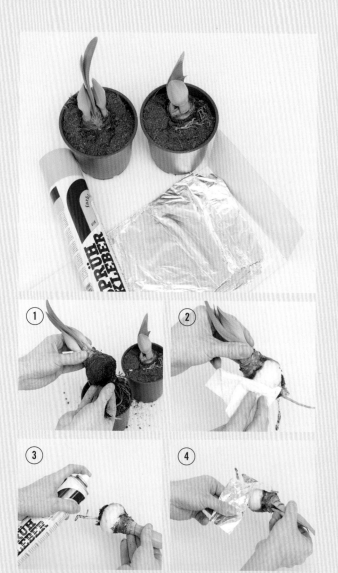

餐巾环

材料和工具：缎带、剪刀、银箔（美术专用）、
圆形硬纸片（提词卡）

❶

用喷胶喷涂硬纸片表面，应尽量少喷胶，以免弄乱金属箔。
注意：一定要使用质量好的喷胶，喷雾像发胶那般细密，
不可过粗成珠状。

❷

将银箔置于喷胶的那一面上，用手指或刷子小心按压。

❸

在银箔中央划出两道平行的缝隙。

❹

利用剪子尖将缎带穿过两道缝隙，
在卡片下形成套环，从中穿过餐巾。

❺

将缎带轻轻拉紧，在圆片上方系蝴蝶结，
裁去两端多余的部分。

小 贴 士

金属箔还有金、铜等颜色可供选择。

我心爱的粉色火烈鸟，一挂上它，
就有了圣诞的气氛。

与朋友们共度圣诞

圣诞期间，人们对家庭的渴望有时比对过节的兴致更早消散。
既然如此，不如与朋友们一起吃顿圣诞早午餐，
比如在节日的第二天。

圣诞树彩球也能传递某种信息吗？因为职业的关系，我有一个非常丰富的圣诞饰品宝库，其中一件小玩偶是我的最爱。每年我都怀着格外喜悦的心情将它从盒子中取出，费劲地拆掉包装纸，然后不由想到：这个挂件就像是一种象征符号，它让我想起思想的自由、世界的多彩，以及在这样一个充满爱的节日中，所上演的千姿百态的爱。这便是我的粉色火烈鸟，目前它已成功出现在我们家其中一张圣诞贺卡上。每当挂上它，我们美好而安宁的节日时光也便随之开启。可以说，圣诞节不仅是主的节日，有时也是男主人们的节日，至少对那些——不用管刻板印象——爱好装饰的人来说。我们的朋友也是如此，尤其是那些经常在节日第二天碰面的朋友。到那个时候，我们已为家人贡献了全部的精力：美美地打包礼物；装扮出一棵喜庆而传统的圣诞树；吃光五花八门的烤肉，还有母亲和岳母大人做的各种美食；不停地聊天，度过美好时光。于是，在不知不觉中我们便对家庭萌生出些倦怠，至少在我们受够圣诞节前。每到这时，我们总是热切期盼着与朋友们一道享用传统的圣诞早午餐，换一种更轻松的氛围。类似的感觉

> 小小的圣诞问候以夹子和手工专用金属线固定，为托马斯"晴天"系列的瓷器增添了一分节日气息。

可以参考本次的餐桌。几乎没有哪款瓷器能比托马斯[⊖]（Thomas）的"晴天"（Sunny Day）系列更好地突显这种气氛，这一品牌隶属于成就斐然的卢臣泰集团旗下。这套瓷器别出心裁，其设计理念就在于色彩！它们可以进行无数种组合，而且任意一种都成立。该系列并非是圣诞款，它适用于任何时节和场合。莫诺的餐具同样可以一年到头常伴左右。此处选择了近乎前卫的"波特35"（Pott 35）系列，并让它们"安睡"在简单翻折的凯西勒餐巾中。餐桌文化中有一款经典设计同样出自莫诺公司，那便是桌上这只与保温炉一体的"莫诺菲利奥"（Mono Filio）茶壶。玻璃杯、醒酒器和砧板同样并未局限于圣诞款，它们全部出自"托马斯厨房玻璃制品"（Kitchen by Thomas Glas）系列。对于汇聚了以上器具的餐桌而言，装饰具有更重要的作用，因为正是它们决定了主题。复活节时也可采用这套配置进行装饰，但是火烈鸟就没法用了。说回圣诞节！这时不仅可以发挥各种奇思妙想，还可使用一些经典元素，例如朱顶红这种几乎唯一"正宗"的圣诞花卉。我将它们制成花束，然后以拐杖糖做整体装饰。此时完全可以调皮一点，比如买几棵玩具火车模型中的小圣诞树（最好带有雪花！），然后将它们"种"到杯子里。真正的圣诞树被我直接安置在餐桌上，并且仅保留了它最可贵的功能——挂圣诞饰品。我在此前提到的心爱挂件旁添置了几只模样怪诞而逗人的小鸟装饰，并以一些装着茶蜡的玻璃球照亮这支挂件大军。说到蜡烛，恩格斯（Engels）的标准红色鹿头蜡烛不仅应景，而且为整张餐桌画下了点睛之笔，即使它的颜色与火烈鸟并不太搭！

> "
> 圣诞节也是
> 朋友欢聚的节日。

· 花艺小贴士 ·

朱顶红堪称最佳圣诞花卉，可以将其修剪后做成花束，也可保留鳞茎。它们从中吸收水分，无须任何助力，就能长出硕大的花朵。可用喷胶和金箔纸一类的材料对鳞茎加以装饰，效果绝赞，参见第 162 页。

＜ 微型圣诞树——灵感来自玩具
火车世界。

⊖ 卢臣泰旗下瓷器品牌，创立于 1897 年，风格简洁利落。

收集而来的圣诞珍宝在去过皮的
枝条上大显身手，更有小巧的玻
璃挂球和彩色茶蜡锦上添花。

DIY
见 168 页

D I Y 指 南

拐杖糖 & 朱顶红

现代感十足的拐杖糖
圣诞花瓶

材料和工具： 圆柱形玻璃花瓶、双面胶、
剪刀、拐杖糖、朱顶红

注意： 双面胶应使用透明的类型，以免能透过玻璃看到。
它们的作用巨大，因为热熔胶在玻璃上的效果不佳。

❶

使用前彻底清洗玻璃花瓶，即使新的也不例外。
将双面胶贴在花瓶上端并缠绕一圈，
然后揭下隔离膜。

❷

在拐杖糖上部挤一滴热熔胶，
然后将糖棍直接粘在双面胶上。

❸

将带有热熔胶的拐杖糖环绕胶带粘好，
尽量分布均匀形成围合。
往花瓶中注入三分之一高的水。
将朱顶红一朵挨一朵合拢在一起，
根据花瓶高度，将茎部裁成适当的长度。
放入花瓶后，花朵应刚好超出瓶口，
外圈花朵正好倚在边沿处。

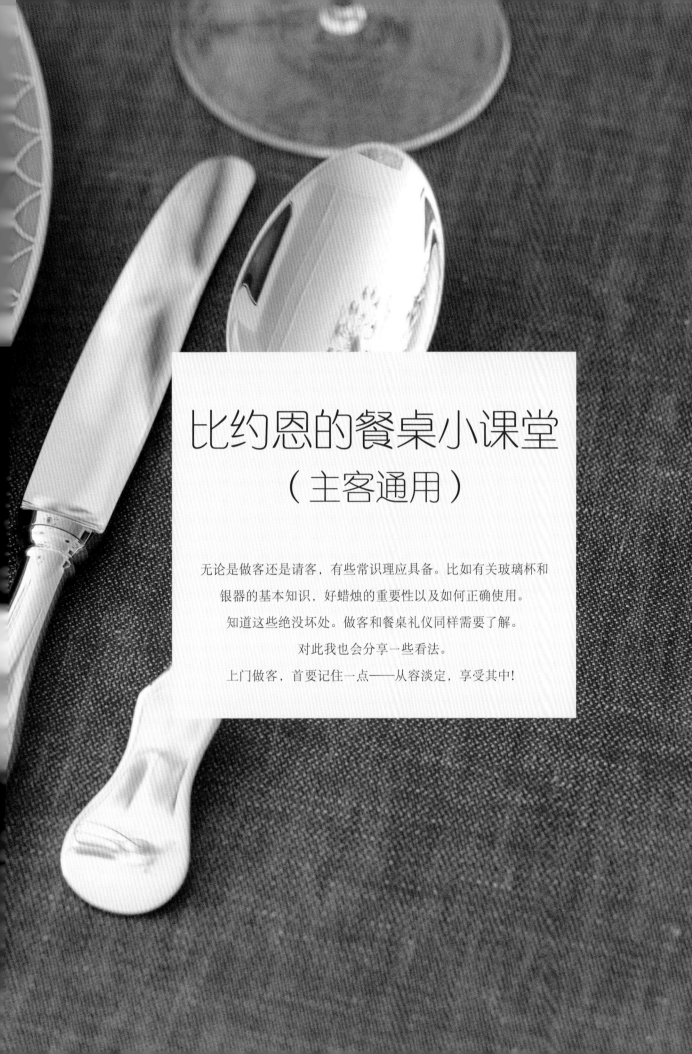

比约恩的餐桌小课堂
（主客通用）

无论是做客还是请客，有些常识理应具备。比如有关玻璃杯和

银器的基本知识，好蜡烛的重要性以及如何正确使用。

知道这些绝没坏处。做客和餐桌礼仪同样需要了解。

对此我也会分享一些看法。

上门做客，首要记住一点——从容淡定，享受其中！

此玻璃非彼玻璃

想要鉴别玻璃杯的品质，无须丰富的专业知识，
只要做到细心即可。
方法并非只有听声音这一种。

还有什么能比晚宴开始时酒杯所发出的声响更美妙的呢？听！它就像华丽盛宴上所奏响的宴会音乐。悦耳的动静往往令客人们报以微笑，或者引发"哇"的惊叹。我很享受这一刻！不过酒杯的动听之音并非理所应当，而是一种品质的象征。好杯子如听仙乐，差杯子则不然。哪怕是要求极低的宴请者，也不该让劣质的工业玻璃杯出现在餐桌上。好的玻璃杯正如一套齐全的优质瓷器，同属于基础装备。识别劣质酒杯的方法其实很简单。它们看上去就很廉价，就像工业产品那般，表面平滑但无光泽，有时还会出现杯柄带压纹或边缘不平的情况。制作玻璃杯就像烹饪勃艮第红酒炖牛肉——关键在于配方。机器制造的流水线产品用料便宜，往往从失真的蓝绿色上便可看出。而质量上乘的玻璃杯则由水晶玻璃制成，对于美物爱好者和爱酒人士来说是一种纯粹的享受。有种说法，水晶杯的名字正得自于之前所提到的

品质象征——能发出"晶莹剔透般的清脆之音"。尽管各生产商的配方千差万别且严格保密，但其原材料中均添加了高品质的金属氧化物，以此提升杯子的透明度和光泽度。水晶杯较工业玻璃杯更有分量，折光性也远远优于后者。这一点对爱酒人士来说至关重要，因为水晶杯可以让他们更好地欣赏酒的色泽。水晶杯在酒的气味方面同样发挥了重要作用——虽然表面看着光亮，但在肉眼无法察觉处却不像廉价的工业玻璃杯那般平滑。这一点有助于酒香的发散。手工玻璃杯格外令我心动之处在于，若仔细观察便会发现，它们在大小、杯壁厚度等方面存在着十分细微的差异。这正是手工制作的印记，每只杯子皆是独一无二的。追求完美的人可以选择那些

使用高成本机械工艺的制造商，这样生产出来的杯子能够避免差异，实现最佳品质。

　　就像银器与瓷器一样，酒杯自然也是一门学问。单是五花八门的样式便已不容小觑，似乎每一种酒、每一种场合都有与之对应的酒杯。在此，我想通过一些最常见的杯型，为诸位介绍一款品质绝佳、设计内敛的经典酒杯系列。圣维莎 1872 的"爱乐"（Enoteca）系列定能满足各位美食家、爱酒人士以及高雅餐桌文化爱好者的需求。

❶
西拉杯

❷
博若莱杯

❸
基安蒂杯

❹
苏玳贵腐酒杯

❺
长相思杯

6 桃红葡萄酒杯

7 白兰地杯

8 大肚白兰地杯

9 雪利酒杯

10 普罗塞克杯

11 波尔多杯

12 勃艮第杯

13 里奥哈杯

14 霞多丽杯

15 雷司令杯

16 水杯

17 阿夸维特杯

18 格拉巴酒杯/蒸馏果酒杯

19 香槟杯

20 笛形香槟杯/起泡酒杯

大名鼎鼎的银质餐具

餐桌文化中的高深学问！

能继承一套银质餐具，是一种幸运。

如果没有这份幸运，那么去购置一套，则是一种文化。

一套银质餐具不仅是代代守护的传家宝，

更是餐桌文化中的高深学问。

它拿在手中分量十足，宴席因它的出现而增辉添彩，它就是银质餐具。有时，看着朋友们那些代代相传的宝贝，我不免心生敬畏，同时又暗自叹息。我一直坚信，真要谈及餐桌文化，那么银质餐具无疑是不可或缺的一环。只需稍加研究，便会发现，这里面大有学问！不仅牵扯到数不清的餐具式样和使用方法——服务餐具在这方面更是无穷无尽，对其来历和价值的确认同样涉及专业知识，特别是那些年代久远的餐具。鉴定银质餐具的关键便是那些小印戳，也叫鉴定戳记，通常位于手柄的背面。鉴定戳记包含丰富的信息，例如制造商或品牌的独特标记，在老餐具上还会有工匠的个人记号。此外，还能看到透露产地的城市标志和所谓的印花税标记——古时曾有大量的关卡和税收戳记。通常还会有部分数字编号，表明制造年份，当然大多数时候也包括订单号和型号。还有极为重要且至今必不可少的纯度标志，用来表明含银量，这在现代餐具上同样可见。

· 专业小贴士 ·

银质餐具是一种日用品，无论是镀银还是 925 银，都应天天使用。毕竟好餐具是为了让人每日享用的。还有一个原因：如果经常得不到使用，银器就会被"气得"发黑。而银质餐具经过日常使用后会有些许斑驳感，则别有一番美感。

普通餐具

① 蛋糕叉

② 咖啡勺

③ 主餐刀

④ 主餐叉

⑤ 蛋糕刀

⑥ 浓缩咖啡/摩卡勺

⑦ 鱼叉

⑧ 鱼刀

⑨ 法式酱汁勺

⑩ 汤勺

⑪ 甜品/前菜刀

⑫ 甜品/前菜叉

⑬ 甜品/前菜勺

⑭ 主餐勺

由于银质地过软（又太过贵重），因而无法以纯银加工。现在所说的纯银其实是一种混有其他金属的合金，通常为铜。合金的含银量一般用千分比来表示，例如925‰或800‰。若想了解家传或者从古玩店淘来的银质餐具的价值，强烈建议找位真正的专家咨询。

鉴于用餐和服务餐具简直多到难以计数，在此我决定将诸如香槟开瓶器、开蚝刀、蜗牛叉、持骨器、鱼子酱勺等各种"特殊代表"放在一边，仅整理出人们平时常用的餐具。我将它们分为普通餐具和服务餐具两类，并以诺贝王精美的"锤纹"（Martelé）系列（绝妙至极，名字翻译过来意为"锤打"！）作为示例。

服务餐具

① 浇汁勺

② 大号肉叉

③ 烤肉叉

④ 切肉刀

⑤ 蛋糕铲

⑥ 奶酪刀

⑦ 土豆勺

⑧ 沙拉勺

⑨ 长柄汤勺

⑩ 奶油勺

· 保养小贴士 ·

现代银质餐具可用洗碗机清洗。为保持光泽，厂家并
不建议浸泡、用盐或铝箔纸等清洁方式，以免导致银
质退化。这些清洁方式虽然能去除污渍，但也会使银
层剥脱。出现氧化现象时，最好用抛光剂、泡沫清洗
剂或擦银布等银器保养工具对其进行打理。

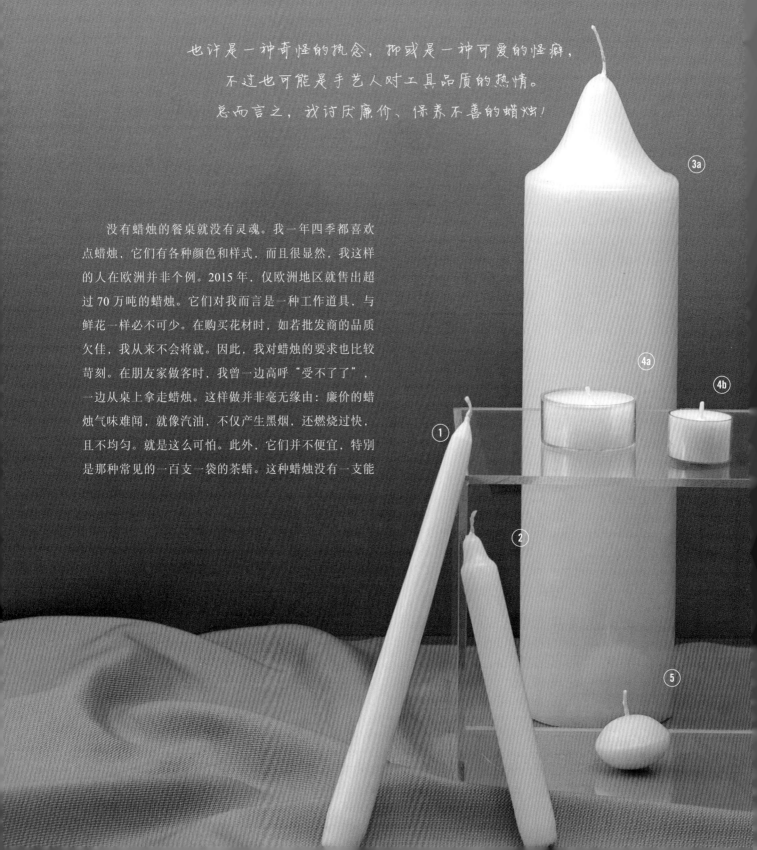

独木不成林
——一支蜡烛算不上蜡烛！

也许是一种奇怪的执念，抑或是一种可爱的怪癖，
不过也可能是手艺人对工具品质的热情。
总而言之，我讨厌廉价、保养不善的蜡烛！

3a

没有蜡烛的餐桌就没有灵魂。我一年四季都喜欢
点蜡烛，它们有各种颜色和样式，而且很显然，我这样
的人在欧洲并非个例。2015 年，仅欧洲地区就售出超
过 70 万吨的蜡烛。它们对我而言是一种工作道具，与
鲜花一样必不可少。在购买花材时，如若批发商的品质
欠佳，我从来不会将就。因此，我对蜡烛的要求也比较
苛刻。在朋友家做客时，我曾一边高呼"受不了了"，
一边从桌上拿走蜡烛。这样做并非毫无缘由：廉价的蜡
烛气味难闻，就像汽油，不仅产生黑烟，还燃烧过快，
且不均匀。就是这么可怕。此外，它们并不便宜，特别
是那种常见的一百支一袋的茶蜡。这种蜡烛没有一支能

4a

4b

1

2

5

坚持燃烧一整晚，一般两小时后就燃烧殆尽。于是，这边朋友们尚在用餐，那边蜡烛们接二连三地熄灭。我个人更喜欢那些至少能燃烧八小时并且装在透明塑料杯中的茶蜡，它们看上去要比包裹在锡纸中的劣质同类美观许多。

蜡烛的质量和制作工艺有很多讲究。其成分大多是石蜡或硬脂，圣诞节时点的蜡烛也会以蜂蜡为原料。这种材料虽然更为理想，但会产生一定程度的损耗，所以价格也更贵。对于蜡烛，原就无须掌握太多的商品知识。换句话说，只要在购买时具有一定的敏感度，挑选靠谱的品牌，同时留意是否带有代表高品质蜡烛的 RAL 质量认证标志。做到这些，就能确保所选蜡烛是由经过质量检测的原材料制作而成的，特别是颜料和香料等添加物。此外，燃烧性能、抗滴性、烟尘量、最佳燃烧性能和室内空气污染水平同样有所保证。这些方面决定了一支蜡烛的品质。

好的蜡烛需要用心保养，妥善对待。就像盆栽植物需要时不时浇水一样，蜡烛也需要多加费心。

蜡烛保养的注意事项:

- 永远不要在无人照看的情况下燃烧蜡烛,并且切记将蜡烛放在孩子和宠物够不到的地方。

- 蜡烛不要摆放过密,否则会产生过高的热量,致使边缘融化,溢出蜡液。蜡烛之间应始终保持至少 10 厘米的间距。

- 蜡烛燃烧时,尤其牢记:安全第一!不要将点燃的蜡烛放在打开的窗户边,更不能放在有穿堂风的地方。此外,蜡烛站立时,应当笔直稳固,下方最好加上不可燃的托盘或配套的烛台。

- 不要吹灭蜡烛,而是使用灭烛器。或者将烛心迅速浸入蜡池中,待其熄灭后立即竖起。

- 说到蜡池,它是蜡烛燃烧时烛心四周形成之物,也就是融化的蜡液所形成的浅池,从中可以看出蜡烛使用者的操作手法。有一条非常重要的原则:不要立即点燃蜡烛,然后又迅速熄灭。只有当蜡池全部恢复蜡液状态时,才可熄灭蜡烛,否则会损坏烛心。务必使蜡池保持干净,一有烛心残渣、火柴或小虫落入蜡液,立马将之清除。

- 烛心是蜡烛的灵魂,因而必须学会正确地对待它们。顺便一提,市面上有三百余种不同类型的烛心,全部为棉质。如果蜡烛有冒黑烟的情况,可能是由于烛心过长。烛心长度应始终保持在 1 厘米左右。如果太短,请不要让火燃烧至烛心被蜡液淹没的程度。最好用刀加以修整,使烛心露出。

- 蜡烛的边缘同样不应高于 1 厘米。一般在使用较大的蜡烛时,我个人喜欢以短刀切除多余边缘。

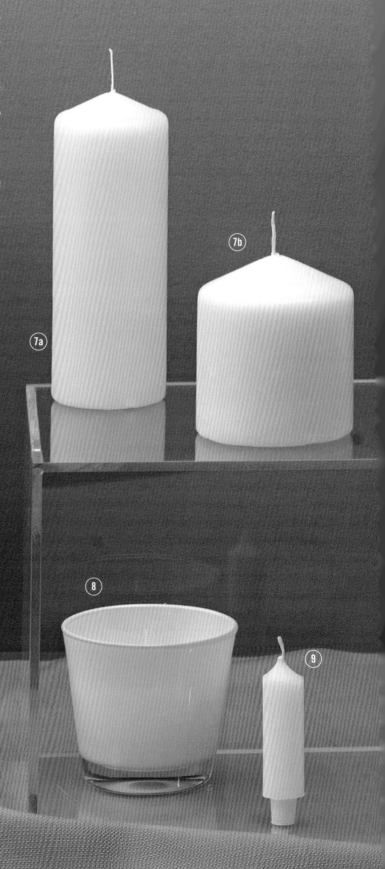

下面列举了一些我经常用到的典型蜡烛式样，实物均由艾卡生产：

① 尖杆蜡：餐桌蜡烛中的经典款式，各种颜色俱全。

② 杆蜡：尖杆蜡的现代版，式样呈圆柱形。

③a ③b 灯蜡：可以单独使用，能够长时间地营造氛围。

④a ④b 茶蜡：请使用正规的茶蜡！正如这两只可以充分燃烧8小时的PC塑料杯装八小时茶蜡。

⑤ 浮蜡：个头虽小，却不简单！浮蜡可用于打造梦幻般的场景。

⑥ 香薰蜡烛：用于花园和阳台，最好含香茅，具有驱蚊效果，适合夏天的室外活动。

⑦a~⑦f 柱蜡：装饰餐桌必备。球蜡同理，它们与柱蜡类似，只不过为圆形。

⑧ 玻璃杯蜡烛：可在灯光下制造出漂亮的色彩。

⑨ 灯笼蜡烛：可作为花园中的光源。

比约恩的做客之道

对于用餐礼仪，完全没必要小题大做。除非是联邦总统发来邀请，
那就不一样了，必须得在礼仪方面应对自如才行。
除此以外，只需要做到一点——从容淡定，享受其中！

礼仪这东西，正如两性关系，只会对没有的人造成伤害。这点在餐桌礼仪中同样成立，且以一种特别的方式呈现，当人们前往不熟悉的人家做客，并且气氛相对正式时，便会有所体会。市面上可以看到大量针对主人的出版物，囊括了举办一场仪式完备的晚宴所涉及的方方面面。宴会的风格越传统，主题越正式，场合越官方，从请柬细节到座位安排等一系列流程也就要求越高。在此我并不打算就如何做东发表高见。我更在乎的是客人本身，因为有时我们会在前来赴宴的朋友或客人身上感受到某种不安。尽管我们已竭尽全力，尽可能地营造出轻松的气氛。在私人宴会上，主人的第一要务便是确保客人舒适放松。若是客人面对声势浩大的摆台而举止受束，或者因为五花八门的餐具使用出错而拘谨不安，那只能是主人哪里没做到位，要么就是做客之人在面对生活中常见的磕绊时，缺乏一定的幽默感所致。生活中有很多事情，并不需要太过严肃。礼仪问题同样如此。另外，有时某些餐桌礼仪的缺失同样令人感到惊讶，原因就在于主人完全没读过相关的礼仪书籍。我们在招待客人方面所收获的好名声，令我倍感自豪，而我也丝毫不想以礼仪专家自居。尽管如此，大概也正因为这样，我才想借此分享一些观点，兴许可以帮到那些有时在宴会上坐立不安的客人。

第一要则——放轻松

我始终不能理解，为何有些人会一脸自豪地宣称自己为完美主义者。在我看来，完美主义总是令我紧张兮兮的，心生反感。倒是有句老话叫作"不拘小节"，让我倍觉亲切，生出无限好感。它体现了一种才能，那便是以幽默和微笑带过自身那些不起眼的过错、失误、失败或不幸。这种态度不仅在就餐时有益，还适用于整个过程——只管做自己就好，尽情享受一个美酒佳肴、谈笑风生的美好夜晚，不用想太多礼仪方面的问题。要是有人因为您不知道怎么吃牡蛎而皱眉头，那他还真值得同情。生活中有太多比这重要的事，何况几乎没什么晚宴真要人做到礼数周全。

欣然赴约

以我个人经验来说，面对邀约，无论接受还是回绝，能够迅速答复，特别是言而有信，都会令主人感到欣慰。尤其是那种人选必须合适且恰当的宴会。对于主人来说，

姗姗来迟的回绝堪比一场灾难，因为大多数情况下需要另觅他人替代。如果这发生在一切就绪、临近开始前，那将会非常尴尬。同样令人为难的，还有因临时爽约而不得不重新布置餐桌或更改座位的。我们在柏林就有过这样的经历，客人尽管应邀，却并未出席，令人刻骨铭心。准时赴约自不必说，一场宴席有特定的流程，在万事俱备的情况下，几乎不容推迟。格外重要且必不可少的还有做客礼物，需要精心挑选，尊重主人的喜好，以此表示感谢。如果选书作为礼物，最好与晚宴的主题或邀请者相关。若是选葡萄酒的话，千万别太小气，并且尽可能提前打听一下，看看主人是否懂酒。在我看来，选瓶香槟总不会错。我个人基于职业缘故，同时信念使然，总是会送鲜花。一束优美的花永远行得通。打开包装，将它献给女主人。赴约当日请人提前送花上门，可以算是做客的最高境界了，当然这么做也很酷。这种姿态令人好感倍增，我们在这方面的经验多到超乎想象。

注意仪态

下面这事千真万确，我们自己就不止一次碰见过——有些客人会将前臂搁在盘子前方的桌边处，并以单手吃饭。各位读者，在此我无意冒犯，想来诸位都如我之前所言，有着良好的教养。我强烈呼吁大家在餐桌礼仪的问题上放轻松，甚至随性一些，然而就餐时的基本仪态绝非毫无必要。这也不难做到，只要静静地坐直就好，然后将餐具送往嘴边，而不是相反。另外，坐直还意味着既不要倚靠，也不可以松松垮垮地陷进座位里。还有，胳膊肘应紧贴在身体两侧，且无论何时都不该出现在桌子上。那儿（既不是桌下，也不是膝上）是双手摆放的地方，视首饰和袖口情况，大约至手腕处，搁在餐具旁。此外，无须多言，手机不得拿上餐桌，绝对不行，无论晚宴有多随意。另外，双腿不要与椅腿纠缠。需要用盐时，切莫伸展手臂越过桌子去够，可以请一位客人递给您想要的东西。为防出丑，如果有人递给您托盘自取，通常自右边过来，请以双手使用服务餐具。只有真正的专业服务人士才能单手持两把餐具派菜。

交谈之道

宴会上往往有那么一刻能让人意识到，今晚成了。这一刻正是身为主人的我们感到多余之际。仿佛具有魔力一般，此时的餐桌就像一艘满帆前行的船，在瓷器、玻璃杯和烛光的交相辉映之下，载着相谈甚欢的宾客，驶向夜色深处。这种时刻绝非从天而降，也并不总是仰仗于主人的天赋异禀，它与客人的交谈技巧息息相关。恰当的人选和座位安排当然也很重要。一般来说，主人总是坐在宴席中间，客人和他们的伴侣应当分开就座，我自己也是这样安排的，常会出现与陌生人坐在一起的情形。社交达人会发现，相较于那些不善言辞、必要时难以与身边陌生人交谈的朋友，他们更常收到赴宴的请帖。不过，那些讲起趣事没完没了，其余时候又只对自己大谈特谈的人，并不在我所指之列。恰恰相反，其实非常简单，交谈之道就在于找到对话者身上令你感兴趣的点并加以提问。兴趣和提问，在我看来，这就是全部秘诀所在。有些人可以滔滔不绝谈一整个晚上，却绝不会提哪怕一个问题。这样的对话注定不会活跃，主人有时必须介入其中。此外，作为守则，主人开口，比如介绍菜品时，客人理应保持安静。

提到菜品，自不用说，无论出于个人口味而对饭菜如何厌恶，都不该加以挑剔，否则就会失礼至极！做客时，心理上感到宾至如归即可，就不必落实到行为上了。

餐具问题

在餐桌礼仪这片时而波涛汹涌的海面上，耸立着一块恶名远扬的礁石，那就是餐具。餐具虽说声名在外，然而在我看来却是虚张声势。对于一位尚不能在社交场合进退自如的客人来说，其最初的顾虑多半来自于认识那些似乎无穷无尽且五花八门的餐具式样。的确不假，细看一下就会发现，似乎每道菜式都有自己专属的用具。尤其是服务餐具，有时颇为古怪。许多式样和成套工具都还是上上个世纪的产物，如今仅能在那种古老且多为祖传的整套餐具中见到，也因而成为其魅力所在。就算是那些较为现代的餐具，也无须对其使用事项了如指掌。尽管放轻松！或者干脆大大方方地问一下用餐的客人，没人会见怪。使用餐具时，有一条极简单的规则：无论摆台多丰富，无论多少式样呈现在面前，只需从盘子两侧按由外向内的顺序使用即可。盘子上方的餐具则相反。那儿大多数情况下摆放着不超过两样用于甜点的餐具。还有一条规则在我看来更为重要——餐具一旦从桌子上拿起，就不能放回原处。可以放在盘子上，但不要搭在上面。交谈时请放下餐具，切莫来回挥舞。用餐完毕，将餐具合拢，朝右下方斜置于盘上，便会有人将它们收走。如果想稍作休息，或是添加东西，请将刀叉交叉摆放在盘子上。至于其余种种问题，正如之前所言，随性就好。基于个人经验，在此奉上最后两点自认为重要的提示。一张优美的餐桌取决于对称的摆台，以及盘子、玻璃杯、餐巾和餐具之间的高度和谐。所有物件，各就其位，恰到好处，请让它们保持原样，不要移动，哪怕在无意之中。再就餐巾问题多说两句。尽管我对折叠花式餐巾不感兴趣，它们看起来就像是在展示这家女主人的一项新爱好，但是如何对待餐巾依然有待学习。若是碰上奇怪的造型，可以将它平放在面前的盘子上。待主人拿起餐巾，抖开铺到膝上，便表示即将开宴。只需照做就好，注意要将餐巾对折，开口的那一侧朝您，然后置于膝上。使用时，打开餐巾，以内侧擦拭嘴巴。离开餐桌时，将餐巾松散地折叠在一起，放在盘子旁即可，绝对不要搭在椅背上！

关于饮酒

这世上有品酒者和饮酒者。毫无疑问我属于后者，那些对葡萄酒了如指掌的朋友们总令我五体投地。在我这种纯外行看来，我们朋友圈中的那些高手们可谓精益求精永无止境。我完全听不懂他们在说些什么，也丝毫察觉不到他们所品出的细微差异。许多客人可能都有类似的经历，因而这多半不只是我一个人要面对的问题——赴宴时若缺乏某种专业知识该如何应对。我的原则即少言多听。我强烈建议这么做，因为往往酒过三巡、菜过五味之后，便有人开始跃跃欲试，想要凭着一知半解，加入高手们的交流中。我在自家餐桌上见证了这些尝试的相继溃败，多少感到些尴尬，同样尴尬的还有这

种做法本身，企图靠卖弄几个术语充行家出风头。这样做只会自取其辱，尤其在真正的行家面前。他们很快就会发现，你在不懂装懂。宴席上的葡萄酒无疑还是一种交流工具。特别是在那些作风传统的家庭中，它归一家之主所管，邀请客人饮酒正是主人的特权表现。在他举起头杯酒前，客人不得自行饮用。上菜间隙，换不同酒时，同样需要留意主人发出的邀请，通常会以略微点头致意的形式。在正式场合中，示意开宴是女主人的职责。此外，在极少数情况下，主要是某些特定场合，比如周年庆典或生日宴上，人们才会碰杯。更常见的做法是举杯祝酒，这同样是主人的分内事。所有关于礼仪的书都会提及一条铁律，而我依然出于个人经验，想要稍微放宽一下要求。做客时不应喝醉自然没错。回想一下自己举办的众多令人尽兴而归的晚宴，我的建议则是——永远不要比主人还醉。

制造商目录

品牌名：ARZBERG（欧瓷宝）
制造商：Rosenthal GmbH
地址：Philip-Rosenthal-Platz 1
邮编 / 地区：95100 Selb
网址：www.arzberg-porzellan.com

品牌名：ASA SELECTION（ASA 精选）
制造商：ASA Selection GmbH
地址：Rudolf-Diesel-Str.3
邮编 / 地区：56203 Höhr-Grenzhausen
网址：www.asa-selection.com

平台名：BLUMENBÜRO
运营方：Blumenbüro
地址：Huttropstr.60
邮编 / 地区：45138 Essen
网址：www.blumenbuero.de

品牌名：BOESNER（博斯纳）
经销商：Boesner Versandservice GmbH
地址：Gleiwitzer Str.2
邮编 / 地区：58454 Witten
网址：www.boesner.com

品牌名：CARL MERTENS（三头鹰）
制造商：Carl Mertens International GmbH
地址：Krahenhöher Weg 8
邮编 / 地区：42659 Solingen
网址：www.carl-mertens.com

品牌名：CONZEN（康泽恩）
制造商：Werkladen Conzen Kunst Service GmbH
地址：Fichtenstr.56
邮编 / 地区：40233 Düsseldorf
网址：www.conzen.de

品牌名：DIBBERN（迪本）
制造商：Dibbern GmbH
地址：Heinrich-Hertz-Str.1
邮编 / 地区：22941 Bargteheide
网址：www.dibbern.de

品牌名：EAGLE（鹰）
制造商：Eagle Products Textil GmbH
地址：Orleansstr.16
邮编 / 地区：95028 Hof
网址：www.eagle-products.de

品牌名：EGE（埃格）
制造商：Ege Textilmanufaktur GmbH
地址：König-Wilhelm-Str.10/3
邮编 / 地区：89073 Ulm
网址：www.ege-manufaktur.de

品牌名：EIKA（艾卡）
制造商：Bolsius Deutschland GmbH
地址：Gildehofstr.2
邮编 / 地区：45127 Essen
网址：www.eika.de

品牌名：EISCH（艾奢）
制造商：Glashütte Valentin Eisch GmbH
地址：Am Steg 7
邮编 / 地区：94258 Frauenau
网址：www.eisch.de

品牌名：ENGELS KERZEN
（恩格斯蜡烛）
制造商：Engels Kerzen GmbH
地址：Am Selder 8
邮编 / 地区：47906 Kempen
网址：www.engels-kerzen.de

品牌名：FÜRSTENBERG
（菲尔斯滕贝格）
制造商：Porzellanmanufaktur Fürstenberg GmbH
地址：Meinbrexener Str.2
邮编 / 地区：37699 Fürstenberg
网址：fuerstenberg-porzellan.com

品牌名：GEHRING（格林）
制造商：Gehring GmbH
地址：Tersteegenstr.37-39
邮编 / 地区：42653 Solingen
网址：www.gehring-schneidwaren.de

品牌名：GRAEF（格雷夫）
制造商：Gebr. Graef GmbH & Co. KG
地址：Donnerfeld 6
邮编 / 地区：59757 Arnsberg
网址：www.graef.de

品牌名：GRÄWE（格雷威）
制造商：Günter Gräwe GmbH
地址：Wibschla 33
邮编／地区：58513 Lüdenscheid
网址：www.graewe-germany.de

品牌名：GÜDE（古锐德）
制造商：Franz Güde GmbH
地址：Katternberger Str.175
邮编／地区：42655 Solingen
网址：www.guede-solingen.de

品牌名：GÜTERMANN（古特曼）
制造商：Gütermann GmbH
地址：Landstr.1
邮编／地区：79261 Gutach-Breisgau
网址：www.guetermann.com

品牌名：HALBACH（哈尔巴赫）
制造商：Halbach Seidenbänder GmbH
地址：Ritterstr.15
邮编／地区：42899 Remscheid
网址：www.halbach24.de

品牌名：HERING（黑林）
制造商：Stefanie Hering-Berlin GmbH
地址：Alte Leipziger Str.4
邮编／地区：10117 Berlin
网址：www.heringberlin.com

品牌名：JENAER GLAS（耶拿玻璃）
见圣维莎水晶玻璃

品牌名：KAECHELE（凯西勒）
制造商：Johannes Kaechele GmbH
地址：Hindenburgstr.19
邮编／地区：89150 Laichingen
网址：www.kaechele.com

品牌名：KETTNAKER（凯特纳克）
制造商：Kettnaker GmbH & Co.KG
地址：Bussenstr.30
邮编／地区：88525 Dürmentingen
网址：www.kettnaker.com

平台名：KLOCKE（克洛克）
运营商：Friedrich Klocke GmbH & Co.KG
地址：Vogelparadies 2
邮编／地区：32457 Porta Westfalica
网址：www.klocke-online.de

品牌名：KPM（柏林皇家瓷器厂）
制造商：KPM Königliche Porzellan-Manufaktur
Berlin GmbH
地址：Wegelystr.1
邮编／地区：10623 Berlin
网址：www.kpm-berlin.de

品牌名：LE CREUSET（酷彩）
制造商：Le Creuset GmbH
地址：Einsteinstr.44
邮编／地区：73230 Kirchheim unter Teck
网址：www.lecreuset.com

品牌名：LEONARDO（俐傲纳朵）
制造商：Glaskoch B. Koch jr. GmbH & Co.KG
地址：Industriestr.23
邮编／地区：33014 Bad Driburg
网址：www.leonardo.de

品牌名：LOBMEYR（罗布麦尔）
制造商：J.&L.Lobmeyr
地址：Kärntner Str.26
邮编／地区：1010 Wien
国家：奥地利
网址：www.lobmeyr.at

品牌名：MAROLIN（马罗林）
制造商：Richard Mahr GmbH
地址：Räumstr.35
邮编／地区：96523 Steinach
网址：www.marolin.de

品牌名：MAXWELL& WILLIAMS（麦斯威
尔 & 威廉姆斯）
制造商：Designer Homeware Distribution GmbH
地址：Sametwiesen2
邮编／地区：34431 Marsberg
网址：www.maxwellandwilliams.de

品牌名：MEISSEN（梅森）
制造商：Staatliche Porzellan-Manufaktur
Meissen GmbH
地址：Talstr.9
邮编／地区：01662 Meissen
网址：www.meissen.com

品牌名：MONO（莫诺）
制造商：Mono GmbH
地址：Industriestr.5
邮编／地区：40822 Mettmann
网址：www.mono.de

平台名：NYMPHENBURG（宁芬堡）
制造商：Porzellan Manufaktur Nymphenburg
地址：Nördliches Schlossrondell 8
邮编／地区：80638 München
网址：www.nymphenburg.com

品牌名：PAP STAR（明星纸业）
制造商：Papstar GmbH
地址：Daimlerstr.4-8
邮编／地区：53925 Kall
网址：www.papstar.com

公司名：PARTY RENT（派对租赁）
服务商：Party Rent Franchise GmbH
地址：Am Busskolk 16-22
邮编／地区：46395 Bocholt
网址：www.partyrent.com

品牌名：POSAMENTEN MÜLLER（穆勒饰品）
制造商：Josef Müller Posamenten GmbH
地址：St.-Paul-Str.10
邮编／地区：80336 München
网址：www.posamenten-mueller.de

品牌名：POSCHINGER（波辛格）
制造商：Freiherr von Poschinger
Glasmanufaktur
地址：Moosauhütte 14
邮编／地区：94258 Frauenau
网址：www.poschinger.de

公司名：PRIVATE ROOF CLUB（私人屋顶俱乐部）

服务商：Private Roof Club

地址：Mühlenstr.78-80

邮编/地区：10243 Berlin

网址：www.privateroofclub.de

品牌名：REICHENBACH（赖兴巴赫）

制造商：Porzellanmanufaktur Reichenbach GmbH

地址：Fabrikstr.29

邮编/地区：07629 Reichenbach/Thür.

网址：www.porzellanmanufaktur.net

品牌名：RITZENHOFF（瑞森哈夫）

制造商：Ritzenhoff AG

地址：Sametwiesen 2

邮编/地区：34431 Marsberg

网址：www.ritzenhoff.de

品牌名：ROBBE & BERKING（诺贝王）

制造商：Robbe & Berking GmbH & Co. KG

地址：Zur Bleiche 47

邮编/地区：24941 Flensburg

网址：www.robbeberking.com

品牌名：ROTTER（罗特）

制造商：Rotter Glas – Crystal since 1870

地址：Elisenstr.2

邮编/地区：23554 Lübeck

网址：www.rotter-glas.com

品牌名：ROSENTHAL（卢臣泰）

制造商：Rosenthal GmbH

地址：Philip-Rosenthal-Platz 1

邮编/地区：95100 Selb

网址：www.rosenthal.de

品牌名：SAMBONET（桑博内特）

见卢臣泰

品牌名：SCHLITZER LEINEN（施利茨亚麻）

制造商：Schlitzer Leinen-Industrie Driessen GmbH & Co. KG

地址：Bruchwiesenweg 6-10

邮编/地区：36110 Schlitz

网址：www.schlitzer-leinen.de

品牌名：SCHOTT ZWIESEL（肖特圣维莎）

见圣维莎水晶玻璃

品牌名：SMITHERS-OASIS（史密夫-奥赛斯）

制造商：Smithers-Oasis Germany GmbH

地址：Heinrich-Büssing-Str.5

邮编/地区：67269 Grünstadt

网址：www.oasisfloral.de

品牌名：THOMAS（托马斯）

见卢臣泰

品牌名：THONET（索耐特）

制造商：Thonet GmbH

地址：Michael-Thonet-Str.1

邮编/地区：35066 Frankenberg/Eder

网址：www.thonet.de

产品名：THÜRINGER WALDGLAS（图林根森林玻璃）

制造商：Elias Glashütte – Farbglashütte Lauscha GmbH

地址：Straße des Friedens 46

邮编/地区：98724 Lauscha

网址：www.farbglashuette-lauscha.de

品牌名：VILLEROY & BOCH（唯宝）

制造商：Villeroy & Boch AG

地址：Saaruferstr.1-3

邮编/地区：66693 Mettlach

网址：www.villeroy-boch.de

品牌名：WEDGWOOD（威基伍德）

制造商：WWRD United Kingdom, Ltd

地址：Wedgwood Drive，Barlaston，Stoke on Trent，ST 12 9ER

网址：www.wedgwood.eu

品牌名：WEYERSBERG（魏尔斯伯格）

制造商：Kupfermanufaktur Weyersberg GmbH

地址：Schloss Weitenburg Weitenburg 1

邮编/地区：72181 Starzach

网址：www.kupfermanufaktur.com

品牌名：WIENER SILBER MANUFACTUR（维也纳银器制造厂）

制造商：Wiener Silber Manufactur GmbH

地址：Schwarzenbergstrasse 1-3/2

邮编/地区：1010 Wien

国家：奥地利

网址：www.wienersilbermanufactur.com

品牌名：WMF（福腾宝）

制造商：WMF Group GmbH

地址：Eberhardstr.35

邮编/地区：73312 Geislingen

网址：www.wmf.com

品牌名：ZWIESEL 1872（圣维莎 1872）

见圣维莎水晶玻璃

品牌名：ZWIESEL KRISTALLGLAS（圣维莎水晶玻璃）

地址：Dr.-Schott-Str.35

邮编/地区：94227 Zwiesel

网址：www.zwiesel-kristallglas.com

致谢

本书的诞生离不开众人的支持与帮助。首先，衷心感谢我的花艺师同行彼得拉·康纳德、多米尼克·奥斯特赫伦和保罗·博纳尔所给予的大力支持。谢谢各位朋友提供的绝佳场地，出于保密原则，在此仅列出诸位的名字：埃斯特，阿丽亚娜和卡斯滕，彼得拉和汤姆，丽莎，多萝西娅，卡特琳娜和乔瓦尼，克劳迪娅和克努特，以及伊尔卡。感谢弗里茨·康泽恩和弗洛里安·康泽恩促成画框博物馆内的拍摄，并为使用梅森瓷器的婚宴提供了精致的美食。多谢卡罗丽娜·哈格曼和塞巴斯蒂安·哈格曼这对"十全十美"的新人。其次，还要对私人屋顶俱乐部和 Fleurop 公司提供的赞助致以诚挚的谢意。从最初构想到下厂排印，陪伴在我身旁的是一支无与伦比且精神强大的团队。作为项目负责人，拉菲拉所展现的专业与亲切令我感激不尽；谢谢夏洛特拍摄的各种精美图片；还有亲爱的冯克女士，感谢您完美无瑕的审校。最后，当然不能少了我"英勇"的爱人兼合著者奥拉夫·萨列，感谢点点滴滴。

本书由人气花艺师比约恩·克罗纳倾情打造，二十余种令人眼前一亮的餐桌装饰方案，能够满足各种场合和预算需求。

从浪漫的烛光晚餐到盛大的宴会，从好友欢聚品茶闲聊到形形色色的家庭聚会，不拘一格的装饰方案激发出了无限灵感，足以点燃大众对餐桌摆台的热情。

正如作者所言：光有好厨艺可远远不够，美食还需美物相衬。

除了丰富的装饰创意和 DIY 指南，阅读本书还将收获有关餐具、玻璃杯及餐桌礼仪方面的综合知识。餐桌文化并非只是一个名头，而是对聚餐理念的发扬与总结——与亲朋好友或同事伙伴一道，坐在一张令人难忘的餐桌边，享用美味佳肴。

Original edition by Callwey 2017

Copyright © Callwey GmbH

Klenzestraße 36

D-80469 München

Germany

www.callwey.de

北京市版权局著作权合同登记　图字：01-2022-0788 号。

摄影：

第 7 页：Fleurop 公司 / 索尼娅·穆勒（Sonja Müller）

第 9 页：Fleurop 公司 / 伊德里斯·科洛齐吉（Idris Kolodziej）

第 10 页：彼得·约翰·基尔茨科夫斯基（Peter Johann Kierzkowski）

图书在版编目（CIP）数据

餐桌文化与装饰设计 /（德）比约恩·克罗纳（Bjorn Kroner）著；
夜鸣译 . — 北京：机械工业出版社，2023.2
（花草巡礼·世界花艺名师书系）
ISBN 978-7-111-72292-2

Ⅰ . ①餐… Ⅱ . ①比… ②夜… Ⅲ . ①餐厅 – 花卉装饰 – 装饰美术
Ⅳ . ①TS972.32 ②J535.12

中国国家版本馆 CIP 数据核字（2023）第 010831 号

机械工业出版社（北京市百万庄大街22号 邮政编码100037）
策划编辑：马 晋　　　　　　责任编辑：马 晋
责任校对：韩佳欣 王 延　　封面设计：张 静
责任印制：郜 敏
北京瑞禾彩色印刷有限公司印刷

2023 年 4 月第 1 版第 1 次印刷
210mm×280mm · 12 印张 · 165 千字
标准书号：ISBN 978-7-111-72292-2
定价：128.00元

电话服务　　　　　　　　　网络服务
客服电话：010-88361066　机 工 官 网：www.cmpbook.com
　　　　　010-88379833　机 工 官 博：weibo.com/cmp1952
　　　　　010-68326294　金 书 网：www.golden-book.com
封底无防伪标均为盗版　机工教育服务网：www.cmpedu.com